NF文庫
ノンフィクション

戦艦対戦艦

海上の王者の分析とその戦いぶり

三野正洋

潮書房光人新社

まえがき

わが家の書斎の壁に一枚の海洋画が掛けてある。それには低く垂れ込めた雲の下の荒れた海面を、護衛の駆逐艦群を従えて疾走する三隻の巨艦が精密に画かれている。

一九四二年二月十二日、英仏海峡を全速力で突破しようとするドイツ戦艦〈シャルンホルスト〉〈グナイゼナウ〉、そして重巡〈プリンツ・オイゲン〉である。

北から押し寄せる怒濤の中で、護衛にあたる駆逐艦は半ば水没しかかっているが、後方に描かれた三艦は艦首で大波を切り裂き、びくともしない。

R・G・スミスによって描写されたこのシーンは有名な〃Channel Dash〃であり、その主役はドイツ海軍の二隻の戦艦である。

〈注〉この〃チャネル・ダッシュ〃のオリジナルは、ワシントンにあるスミソニアン国立航空宇宙博物館所蔵。現在でも同館の二階に飾られている。

一〇〇機近い高性能航空機を搭載した強力な航空母艦や、潜航したまま地球を何周することもできる原子力潜水艦が登場しても、筆者にとっての海上の王者は今もって〝戦艦〟である。

天を指向する巨砲、鈍く輝く鋼鉄の肌、高く聳《そび》える檣楼《しょうろう》、いずれをとってもまさに〝浮かべる城〟である。

この数万トンの鉄の城に数千の熟練した男たちが乗り組み、その城自体が高速で大海原を疾走する。これほど魅力のある建造物は地球上にも稀有な存在である。

しかし、人類が体験した最も大規模な戦い、第二次世界大戦において、この巨大な〝浮かべる城〟は、設計者、用兵者の多大な期待にもかかわらず、十分にその力を発揮することなく世界の海から消えていった。

とくに太平洋に出現した日米の大戦艦は、いたずらにその航跡を長々と残しただけで、持てる能力を十分に活用する機会を一度として持つことなく、無用の長物に近い状態で歴史の中に埋没して行ったのである。

戦後になってそのうちの何隻かは、ミサイルという近代兵器のプラットフォームとしてカムバックを果したが、かつて欲しいままにしていた〝主力艦〟の名にふさわしい存在ではない。

歴史の上にシーパワーという言葉が誕生してから、一九三〇年代の終わりまで、戦艦はその主役の座を明け渡したことは一度たりともなかった。

第二次大戦の開戦時において、すべての国の海軍軍人は、戦艦による艦隊決戦こそが海洋支配の基幹と考えていた。しかしそれにもかかわらず、大戦中に戦艦同士の本格的な砲戦が行なわれたことは、五指にも満たないのである。

とりわけ日米海軍は、世界最強クラスの戦艦多数を擁しながら、本格的な白昼砲戦を一回も実施せずに終わっている。

核爆発物を除く最強の兵器は、究極状態まで完成しながら実力を発揮することなく、あるものは記念碑的な存在に、より哀れなものはスクラップとしてその役割を終えた。

特に日本海軍の巨大戦艦大和級二隻、米海軍の高速戦艦アイオワ級四隻は、それまで約一〇〇年にわたって人類が誕生させ続けてきた〝戦艦〟というリバイアサン（Leviathan・大海獣）の最後の種であった。

これらがこのまま消えていく現状は、なんとしても哀しいではないか。それを食い止めることができないならば、せめてだれかが巨大海獣の足跡をたどり、鎮魂歌を歌い、墓碑銘を刻んでやらねばならぬ。

それが、筆者に筆をとらせた一因であった。

戦艦対戦艦——目次

第3章　大海獣の死闘（その2）

第8章　現在の戦艦

戦艦対戦艦

海上の王者の分析とその戦いぶり

第1章　戦艦というもの

「戦艦」とはどのような艦種か

本書の読者の中には、

軍艦　ウォーシップ　Warship

戦艦　バトルシップ　Battleship

の区別のつかぬ方はいないと思う。

ただ、軍事についての関心の薄いわが国のマスコミ、知識人といわれる人々は、たびたびこれを混同している。

〝戦艦〟という呼称は比較的新しく、欧米の場合も含めて、誕生から一〇〇年とたっていない。

それまでの呼び方としては、

戦列艦、装甲艦、甲鉄艦

などがあった。

戦列艦とは、艦隊同士の海戦に積極的に参加できる軍艦という意味である。
装甲艦、甲鉄艦は、装甲板（アーマープレート）を装着した軍艦を指す。
帆船時代から蒸気推進艦へと移りつつあった頃、大きく、強力な大砲をたくさん備えた軍艦しか、アーマープレートを取り付けられなかったから、装甲艦イコール主力艦イコール戦艦となった。
なお主力艦とはキャピタル・シップ　Capital Ship　のことで、かつては戦艦と巡洋戦艦を指していた。しかし現在では航空母艦と戦艦と思えばよい。
本格的な戦艦が誕生したのは一九世紀の終わりからであり、一般的に次のような仕様（要求される項目）を持っていた。
基準排水量／一万トン以上
機関出力／一万馬力以上
口径／一二インチ（三〇センチ）砲四門
装甲板の厚さ／三〇センチ以上
当時、アメリカ、イギリス、フランス、イタリア、ドイツ、ロシア、オーストリア＝ハンガリーなどの大国が競って建造したのは、この程度の軍艦であった。
また推進機関としては、石炭を焚《た》き蒸気をつくり、それをタービンに吹き込んでギヤを介して、スクリューシャフトを回転させる。速力はおおよそ一八ノット（三三キロ／時）である。燃料は良質の石炭を用いていた。

前述の装甲板については、主砲の口径とほぼ同じ厚さのものを取り付けた。これは戦艦の場合、かなりの割合で一致しており、『主砲の口径イコール装甲板の厚さ』の数式が成り立つのである。つまり攻撃力と同様の防御力を考えていたわけである。

また一万トン以上の軍艦を走らせ、戦うためには多くの人手が必要であり、排水量一万トンにつき乗員の数は約五〇〇名となる。したがって基準排水量をもとに、二万トンで一〇〇〇名、四万トンで二〇〇〇名、六万トンで三〇〇〇名の乗組員が必要である。もっとも平時、戦時で乗員の数は大きく異なり、排水量六万四〇〇〇トンの〈大和〉の場合、平時二五〇〇名、戦時三三〇〇名という例もあった。

さて、戦艦はその国の海軍力、いや国力そのものとさえいわれながら、戦闘を交えた例は極めて少ない。これは海戦史をひもとくとき、だれもが感じる事実であろう。

あまりに強力かつ高価であるために、戦闘に投入することが恐ろしいのである。

もし海戦で戦艦が沈没したら、将兵の士気はかなり衰え、そのうえ国民からの非難が殺到する。この責任をとりたくないので、海軍大臣、最高クラスの参謀、そして艦長までが戦艦の投入には慎重にならざるを得ない。したがってこれまで数百隻も生まれた戦艦は、わずかな数しか実力を発揮せぬままに終わっている。

しかし、いったんその機会を与えられれば、核兵器をのぞく最強の兵器は、恐るべき力を見せつけるのであった。

戦艦が登場する時代とその海戦を、年度ごとに追ってみる。ここでは戦艦や巡洋戦艦（巡戦・後述）が沈んだ大きな戦闘のみを取り上げる。

日露戦争（一九〇四年から〇五年）

日本海海戦（一九〇五年五月二十七日）

参加した戦艦の数は日本四隻、ロシア八隻であった。日本海軍はバルト海から遠征してきたロシア艦隊を痛撃し、ほとんど損害を受けることなく一八隻の敵艦を撃沈する。このうちの六隻が戦艦であった。

この海戦の主役をつとめた両軍の戦艦の要目、性能の詳細を別に示すが、概略としては、

基準排水量／一万五〇〇〇トン、全長一三〇メートル

機関出力／一万五〇〇〇馬力、速力一八ノット

主砲／一二インチ（三〇センチ）砲四門

副砲／六インチ砲一四〜二〇門

乗組員数／六〇〇名

であった。

第一次大戦

日露戦争の終戦から第一次世界大戦(一九一四年から一八年)の勃発までの約一〇年間、主力艦の進歩はまさに驚異的というほかない。それらを述べれば、

一、戦艦という艦種の要目、能力はたった一〇年の間に二倍以上になった。

排水量一・五万トンが二・八万トンに

機関出力一・五万馬力が七・五万馬力に

速力一八ノットが二四ノットに

主砲の口径一二インチが一四インチに(砲弾の重量からいえば約二倍)

主砲の数四門が六ないし八門に

乗組員の数 六〇〇名が九〇〇名に

二、巡洋戦艦という艦種の登場

巡洋戦艦(バトル・クルーザー Battle Cruiser)は、ひと口にいえば、「戦艦の鈍重さを取り除き、高速、かつ運動性を向上させる。しかしその分、防御力の減少に目をつぶる」

といった軍艦である。言い変えれば、主力艦の三要素、攻撃力、防御力、運動能力について、

戦艦 攻撃力、防御力、運動能力

巡戦　運動能力、攻撃力、防御力

という優先順位を考えれば良い。

この二点が海軍史における第一次大戦の特徴といえる。

第一次大戦中とその直前にイギリスとドイツは多数の戦艦、巡洋戦艦を建造、保有した。

その数は——数え方にもよるが、

英海軍　戦艦三五隻、巡戦一〇隻、計四五隻

独海軍　戦艦一八隻、巡戦六隻、旧式戦艦八隻、計三二隻

まさに国家の財政を傾けかねないような大艦隊整備である。これだけの数をそろえておきながら、大戦中に勃発した大海戦はわずかに二回のみ、それも主力艦同士の徹底的な死闘とはならなかった。

●ドッガーバンクの海戦（一九一五年一月二十四日）

英海軍　巡戦五隻、他三九隻

独海軍　巡戦三隻、他七隻

この海戦は史上ただ一回、巡洋戦艦部隊だけで行なわれ、ドイツ側の装甲巡洋艦一隻が沈没している。

●ジュットランド沖海戦（一九一六年五月三十一日～六月一日）

英海軍　戦艦二八隻、巡戦九隻、他一二二隻

独海軍　戦艦一六隻、巡戦五隻、他七八隻

水上艦同士の海戦としては、間違いなく史上最大の海戦で、両軍を通じて一万名以上の将兵が戦死している。主力艦の損失は、イギリス側が巡戦三隻、ドイツ側が巡戦一隻である。またドイツ海軍は戦艦一隻を別に失ってはいるが、これはきわめて古い軍艦で、キャピタルシップとは言い難い。

潜水艦の魚雷、沿岸砲台との交戦、機雷との接触などを別にすれば、戦艦、巡洋戦艦同士の砲戦による損失艦は極めて少ない。

第一次大戦の場合も、本格的海戦一回、沈没した主力艦はイギリス巡戦三隻、ドイツ巡戦一隻、合計四隻のみであり、その少なさは驚くばかりである。

これまで述べてきた日本海海戦、ドッガーバンクの海戦、ジュットランド沖海戦については、章をあらためて詳細に記述するつもりである。

第二次大戦とその後の戦艦

この課題こそ本書執筆の目的であるので、この章とは別に、大部のページを費やして説明していく。

「巡洋戦艦」とはどのような艦種か

それでは前にもわずかに触れたが、〝巡洋戦艦〟という艦種をここで説明しておこう。

なにしろ第一次大戦中の大海戦において巡戦は、戦艦を上まわるほどの活躍を見せるのである。反面、防御力が劣っているので、いったん命中弾を受けると簡単に沈んでしまう、という状況も何回となく発生した。

すでに述べたように巡洋戦艦は速力が大きく、その分防御力が脆弱な主力艦である。用途としては、艦隊の前衛をつとめ、敵の偵察部隊を撃破する目的に投入されるはずであった。全長は戦艦よりも長く、かつ二倍の出力を有する。この機関の製造コストが高くなり、巡戦の建造費用は戦艦の一・二〜一・四倍もかかっている。

巡戦がどのような艦を指しているのか、という点については、同時代の戦艦とデータを比較してみるのがベストである。

ただし次の戦艦は、見方によっては巡戦とみなしてもよいものであった。

ドイツ〈シャルンホルスト〉〈グナイゼナウ〉
日本〈金剛〉〈榛名〉〈比叡〉〈霧島〉
フランス〈ダンケルク〉〈ストラスブール〉

これらの判断は専門家によってもまちまちであり、結論は出ないままである。

〝純粋〟の巡洋戦艦は、イギリスの〈インビンシブル〉にはじまり、同じイギリスの〈フッド〉に終わる。この間、建造期間としてはわずか一二年間にすぎなかった。全体数としては――少々甘く見積もっても――二四隻（英、独、日本海軍）だけである。

それでは戦艦と巡戦の比較を示すとしよう。

○イギリス海軍の場合

第一次大戦中

	全長	全幅	割合	機関出力	速力
巡戦	二一四m	二七m	七・九三	七・五万HP	二七・五Kt
戦艦	一九〇	二七・四	六・九三	三・一	二一

（巡戦はライオン級、戦艦はアイアン・デューク級）

第二次大戦中

	全長	全幅	割合	機関出力	速力
巡戦	二六三m	三四・五	七・六二	一五・一万HP	三二・一Kt

戦艦	二二七	三一・四	七・二	一一・○	二七・五

（巡戦は〈フッド〉、戦艦はキング・ジョージ五世級）

巡洋戦艦と戦艦の区別がもっとも明確であったのは、イギリス海軍とドイツ海軍といえる。とくに第一次大戦中のライオン級、第二次大戦中のレナウン級および〈フッド〉は、典型的なバトル・クルーザーと認められている。なおイギリス海軍の巡洋戦艦の総数は一三隻であった。

○ドイツ海軍の場合

第一次大戦

	全長	全幅	割合	機関出力	速力
巡戦	二一○m	二九m	七・二四	七・六万HP	二七Kt
戦艦	一七二	二九	五・九三	四・○	二二

（巡戦はデアフリンガー級、戦艦はカイザー級）

第二次大戦

	全長	全幅	割合	機関出力	速力
巡戦	二三○m	三○m	七・六七	一六・五万HP	三一・五Kt
戦艦	二四八	三六	六・八九	一三・八	二九

（巡戦はシャルンホルスト級、戦艦はビスマルク級）

イギリスと同様にドイツ海軍の巡戦、戦艦の区別はかなりはっきりしている。

第二次大戦に活躍したシャルンホルスト級二隻は、あらゆる面から見て巡洋戦艦であった。とくにその機関出力は排水量で三割も大きいビスマルク級よりも二〇パーセントも多くなっている。

○日本海軍の場合

第二次大戦中

	全長	全幅	割合	機関出力	速力
巡戦	二二二m	二九	七・六六	一三・六万HP	三〇・五Kt
戦艦	二一四	三四	六・二九	八・〇	二五・五

（巡戦は金剛級 戦艦は伊勢級）

日本海軍は金剛級の四隻を高速戦艦と呼び、〝巡戦〟の呼称は使っていない。しかし数値から見るかぎり、〈金剛〉〈榛名〉〈比叡〉〈霧島〉の四艦は疑う余地もなく巡洋戦艦である。事実、三〇ノット以上の高速を誇る正規空母とともに、太平洋狭しと走りまわったのは、日本海軍の一二隻の戦艦のうち、この金剛級四隻のみであった。

他の八隻は――たとえ最新鋭の大和級であっても――速力三三ノットの空母のエスコートは不可能であり、結局、これといった活躍をせぬままに生涯を終える。

○フランス海軍の場合

第二次大戦

	全長	全幅	割合	機関出力	速力
巡戦	二一四m	三三・一m	六・八八	一三・五万HP	二九・五Kt
戦艦	二四八	三三・〇	七・五一	一五・〇	三〇・〇

（巡戦はダンケルク級、戦艦はリシュリュー級）

フランス海軍の主力艦は第一次、第二次大戦を通じてほとんど活躍せずに終わっている。

ワシントン条約以後の新戦艦としては、前述のダンケルク級とリシュリュー級が出現する。このうちのダンケルク級を〝巡戦〟としている書籍が多い。しかし全長／全幅の比が、このダンケルク級のみ七・〇より小さく、また速力も三〇ノットを下まわっている。このことから同級は、巡戦というより「中型の戦艦」に分類した方が良いのかも知れない。

○アメリカ海軍の場合

アメリカ海軍は伝統的に〝巡洋戦艦〟という艦種を持たずにきている。なにしろ最後の戦艦であるアイオワ級の四隻は、

縦横比　八・一八　速力三三Kt

という超高速戦艦なのである。機関出力は大和級より四〇パーセント以上多い二一・一万馬力であって、つまりオールマイティの戦艦であった。

強いて巡戦的なものを探せば、大型巡洋艦アラスカ級二隻で、
縦横比八・八四　速力三三Kt　一五万馬力
である。このアラスカ級の能力は、ドイツのシャルンホルスト級と同じであり、これを巡戦とせず〝大型巡洋艦〟と呼んでしまうところが、アメリカの海軍の余裕ともいえようか。

結局のところ、十分な予算がとれさえすれば、巡洋戦艦よりも本格的な高速戦艦をそろえた方が絶対的に有利となる。

三〇ノット以上の速力を発揮できる戦艦を〝高速戦艦〟とするならば、それらは、
アメリカ　アイオワ級　四隻
イタリア　リットリオ級　三隻
フランス　リシュリュー級　二隻
の九隻だけとなる。

〝バトル・クルーザー〟という美しい響きを持った主力艦は、第一次大戦を華々しく戦った。しかし防御力の脆弱さはあまりに明白で、その後は建造されずに終わっている。ただ、古くからの艦船愛好者は、巡戦のモロさを理解していながら、この艦種に愛着を持っているようである。

それは言葉の響きの中に、実際の巡戦と同様に、ある種の軽快さが感じられるからであろうか。

〈ドレッドノート〉の誕生とその後の建艦競争

日露戦争（一九〇四〜〇五年）が終わった翌年、イギリスで一隻の新型戦艦が完成された。一万八〇〇〇トンの〈ドレッドノート〉である。この戦艦は一夜にして、それまでの世界の戦艦群を時代遅れにしてしまった。

〈ドレッドノート〉と旧来の戦艦とを比較すると、

一、機関をレシプロ（往復運動型）に変えてタービン（羽根車型）とし、速力が三ないし四ノット速くなった。

二、何種類もの大砲を装備することをやめ、一二インチ砲に統一し、それまでの四門を二・五倍の一〇門に増やした。

このため、総合的な戦闘力は、排水量は同じながら二倍と判断されている。

戦艦の歴史を振りかえるとき、たしかに〈ドレッドノート〉はひとつの時代を作ったのであった。これをまとめて見ると、

前〈ドレッドノート〉型。たとえば〈三笠〉

↓

〈ドレッドノート〉

↓

ポストあるいは超〈ドレッドノート〉型。たとえば第一次大戦における戦艦群

↓

ワシントン条約以後の新戦艦群

という図式になる。

日本海軍は〈ドレッドノート〉型に〝弩《ど》〟（いしゆみ・投石器・カタパルトの意味）の字を与え、〝弩級、ド級戦艦〟と呼んだ。現在でもずば抜けたスポーツ選手に対して「超ド級の〇〇選手」といった表現が使われている。

一九一〇年頃には列強が建造する戦艦はみなド級あるいは超ド級となるほど、この〈ドレッドノート〉が各国海軍に与えた影響は大きかった。

日露戦争終結から第一次世界大戦勃発までの約一〇年間、イギリス、ドイツの両国はすさまじいまでの建艦競争に乗り出す。たとえばこの競争がもっとも激しかった一九一五～一六年を見ていくと、まずイギリスは、

一九一五年　クイーン・エリザベス級五隻竣工

一九一六年　Q・E級一隻竣工
　　　　　　リベンジ級四隻竣工

つまり二年の間に三万トン近い大戦艦を一〇隻も完成させているのである。これに加えて一六年には同じ大きさのレナウン級巡洋戦艦二隻も竣工しており、わずか二年の間に計一二隻という驚くべき数になる。

一方、イギリスほどではないにしろ、ドイツも大型艦の建造に力を注ぎ、

一九一三年　カイザー級など五隻竣工
一九一四年　ケーニッヒ級二隻竣工
一九一六年　バイエルン級など三隻竣工

と一〇隻を完成させた。

ともかく第一次大戦直前から、この戦争のメドがつくまでの両国の建艦競争は異常というほかない。そしてそれらのすべてが〝超ド級〟の大戦艦、あるいはより高価な巡洋戦艦なのである。

一九一〇年から一九一六年までの間、イギリスとドイツは国家予算の一〇パーセント前後を戦艦、巡戦の建造費に当てていた。その総数を見ていくと、

イギリスの場合、いずれも竣工数として、

戦艦　　巡洋戦艦　　計

他：7.6cm砲×27門、装甲：最高厚さ11インチ、水線ベルト11インチ、速力：21ノット、航続距離：10ノットで6600海里、出力排水量比：1.27馬力／トン、乗員：最大770名、主砲の配置：連装砲塔×3基首尾線上、両舷側に各1基、同型艦名：なし

艦名：ドレッドノート（戦艦）、国名：イギリス、同型艦数1隻、起工：1905年10月、完成：1906年12月、排水量：基準18100トン、満載21800トン、寸法：全長×全幅×吃水：160m×25m×8m、機関：缶数18基、蒸気タービン2基、軸数：4、出力：2.3万馬力、主砲：12インチ30.5cmL45砲×10門、1門の威力数540、副砲：なし、

一九一〇年	三隻	なし	三隻
一一	三	一隻	四
一二	五	三	八
一三	四	二	六
一四	五	一	六
一五	五	二	七
一六	五	なし	五
計	三〇隻	九隻	三九隻

ドイツの場合、いずれも竣工数として、

	戦艦	巡洋戦艦	計
一九一〇年	四隻	一隻	五隻
一一	三	一	四
一二	二	一	三
一三	四	一	五
一四	一	一	二
一五	三	なし	三
一六	二	一	三

計　一九隻　六隻　二五隻

となっている。

世界中に植民地を持ち、歴史上もっとも経済力を持っていたと思われる大英帝国、またヨーロッパ大陸最強の軍事国家ドイツといえども、このような経済的負担に長期間耐えられるはずはない。このまま建艦競争を続ければ、国家財政の破綻《はたん》は必ずやってくる。

これが第一次大戦を誘発したといえるであろう。

ワシントン条約と海軍休日《ネイバル・ホリデイ》

第一次世界大戦が終わったにもかかわらず、日本と欧米列強諸国は休むことなく新戦艦の建造を続けた。当時においてさえ、新戦艦一隻を建造するためには、国家予算の〇・五ないし一・〇パーセントを必要としたといわれる。

一九一九年から二二年までの間――まさに第一次大戦直後である――イギリスでは四隻、アメリカでは六隻、日本では二隻の戦艦が起工され、それぞれの戦艦は排水量（最大）四万トンを超すような巨艦ばかりである。このような軍拡競争は戦争中ならいざ知らず、平時においては国費の無駄使い以外のなにものでもない。

そのうえ国家間の緊張は高まるばかりで、良いことはひとつとしてない。これを回避しようと米、英、日、仏、伊の五大海軍国がワシントンに集まり、主力艦についての軍縮条約を一九二〇年に締結した。これがワシントン条約で、正式な調印は一九二二年二月六日であった。

ワシントン条約（のちに〝海軍の休日、ネイバル・ホリデイ〟と呼ばれた）の骨子は、次の三ヵ条からなっていた。

一、主力艦（戦艦と巡洋戦艦）の新造を一〇年間にわたり禁止する。

二、主砲の口径と排水量に制限を設け、いたずらに巨大な軍艦を建造しないようにする。排水量の上限は三万五〇〇〇トン、主砲の口径は一四インチ。

三、主力艦の合計排水量の上限を定め、各国がこれを超過しないように、互いにチェックする。当時の五大海軍国について、その量は、

アメリカ	五二・五万トン	一〇〇パーセント
イギリス	右に同じ	〃
日本	三一・五万トン	六〇パーセント
フランス	一七・五万トン	三三パーセント
イタリア	一七・五万トン	〃

なお、ドイツに関しては、ベルサイユ条約により軍艦一隻あたりの最大排水量を一万トンに制限する、といった内容であった。

これらの条約は、その後一〇年にわたりいくつかの例外はあるものの、忠実に守られるのである。例外とは、イギリス海軍のネルソン級二隻で、これは他の四ヵ国とのバランスをとるために建造、保有が認められた。

もちろんこの一〇年の間、既存の戦艦の改造は自由であって、各国は主力艦の能力向上、機関出力の増大、対空火器の増設に取り組むのである。

一方、もともとまったく役に立っていなかった魚雷発射管は、この時期ほとんど撤去されている。また戦艦の改造は、新造とあまり変わらぬ大作業であり、艦によっては改装に二、三年を要することさえ珍しくない。加えて改装は一〇年をメドに、二、三回繰り返されることさえあった。

ともかく軍艦は手入れさえすれば、半世紀近く使えるのである。

さて一九二〇年に締結されたワシントン条約は一九二二年から発効する。つまり一九二二年から三二年まで、戦艦の建造はできない。そして一九三〇年になると条約の期限切れが迫り、ロンドンで再び主力艦についての軍縮交渉が開始された。

これが第一回ロンドン軍縮会議と呼ばれるもので、五ヵ国間の妥協が成立した。

一、建造禁止を一九三六年まで延長する。

二、主力艦の保有排水量の上限を英、米一〇、日六、の比率とする。

しかし日本海軍はこの数値を不満とした。少なくとも日本の比率を対英、米七とすべきであると主唱した。

一九三五年、第二回のロンドン会議が開かれたが、それははじめから紛糾した。結局条約締結に至らず、実質的に一五年間続いた〝海軍の休日〟は終わりを迎えるのである。

条約の条項をきちんと守れば一九二二年から一五年間、つまり一九三七年まで戦艦の建造はまったくできないことになる。しかし各国は、一九三五年の時点で条約切れを見越して新戦艦の設計、資材の調達に取りかかっていた。いや、実際に建造に着手していた国さえある。一刻でも早く建造にかかれば、一五年間の技術の蓄積を投入した強力な軍艦が手に入るのである。各国はいずれも「軍縮というものの真の目的」を忘れて、無制限の建艦競争に突入した。

こうなると国力の差は如実に表われ、それ以後に、

連合国側

アメリカ一〇隻、イギリス五隻（戦後一隻）、フランス四隻、計一九隻

枢軸側

ドイツ四隻（ほかにポケット戦艦三隻）、イタリア三隻、日本二隻、計九隻

が完成する。このうち、フランスの二隻、ドイツの二隻が巡洋戦艦あるいは中型戦艦であった。

またロンドン軍縮条約会議の頃から、欧米対日本の経済力の差は、驚くほど開きはじめる。アメリカの国力はすでにイギリスを追い越しており、一九三六年の時点で二倍となっている。同じ年、日本とアメリカの比は――計算の基準によって異なるが――一対五〇までになっていた。加えてアメリカは戦艦を動かすための石油を自給できたが、日本はその九割以上を

輸入に頼らなくてはならなかった。結局、両国の戦艦、巡洋戦艦の数の差は、

アメリカ
新戦艦一〇、改装済旧式戦艦一五、大型巡洋艦二隻、計二七隻

日本
新戦艦二、改装済み旧式戦艦一〇隻、計一二隻と、半分以下の戦力しか整備できなかった。

ロンドン会議のさい米、英がなぜ日本に七割の戦艦保有量を認めなかったのか、理解に苦しむ。この点について日本海軍の不満は急速に高まり、反米、反英の気運が盛り上がってしまったのである。

もちろん、米、英が七割という数字を認めたところで、太平洋戦争の勃発を阻止し得たとは思わないが、日本海軍のストレスはかなり軽減されたはずである。

このように考えていくと、軍縮会議がのちの世界に与えた影響の大きさを知ることができる。

戦艦の〝身体検査〟

第二次大戦初期まで海上の王者であった戦艦という軍艦は、どのようなものかを調べていこう。

一九九〇年という時点で世界に残っている戦艦は、

現役・一隻〈ニュージャージー〉

予備・三隻〈ミズーリ〉

〈ウィスコンシン〉

〈アイオワ〉

展示・四隻〈テキサス〉

〈マサチューセッツ〉

〈アラバマ〉

〈ノースカロライナ〉

とわずかに八隻である。その他に日本の〈三笠〉がある。アメリカの財政事情から見て、唯一現役にある〈ニュージャージー〉も間もなく予備艦となり、そのまま生涯を終えるであろう。

世界の海軍から、戦艦という艦種が消えつつある事実を理解してから、第二次大戦初期に就役した列強の戦艦の平均的な身元調査に取りかかろう。

●全長
最長二七〇m、最小二一〇m、平均二四〇m

●全幅
最大三九m、最小三〇m、平均三四m
一般にアメリカの戦艦は、パナマ運河の幅に合わせるため、細長い船体となっている。

●吃水
最大一一m、最小八・五m、平均九・五m
いずれも基準値で、満載となれば一一・五m

●全高
この値はふつう公表されないが、艦型図から割り出してみると、艦底からマストのトップまでは軽く四〇メートルはある。ビルでいえば一四、五階にあたる。

●排水量
最大七万トン、最小四・五万トン、平均五・五万トン

　このように数値を並べただけでは、なかなか本当の大きさは把握できない。そこで現代の大型民間船と比較すると、

●超大型タンカー

全長三三〇m、全幅四〇m、吃水一四m、排水量（総重量、積荷を含む）四五万トン

●大型客船

全長二八〇m、全幅三五m、吃水八m、排水量（総トン数）七万トン

であるから、寸法として戦艦は特に大きな船とはいえない。

　筆者は二四万トンタンカーの近くにいる〈ニュージャージー〉を見ているが、やはりタンカーの方がずっと大きく見えた。しかし周囲にタンカー、大型客船がいないとなると、戦艦のサイズは圧倒的である。

　また戦艦がかもし出す威圧的な雰囲気は、見る人を震撼させる。これこそ軍艦の持つ表現し難い魅力であろう。

●機関出力

　最大二一万馬力、最小一〇万馬力、平均一三万馬力。巨大な鉄の物体を高速で走らせるための〝心臓〟はさすがに強力である。前述のタンカー、客船の機関出力は五万馬力程度である。その一方で、より高速の駆逐艦などはわずか二〇〇〇〜三〇〇〇トンの船体に五万馬力

のエンジンを搭載している。なお船体重量一トンを動かす出力は、平均的に約三馬力となっている。

●乗組員の数

最大三三〇〇名、最少一五〇〇名、平均一八〇〇名。戦艦を動かし、戦うためにはこれほど多数の乗組員が必要である。最新の三〇万トンタンカーでは、これがたった二五名。客船では乗客のサービス要員が必要であり、平均三〇〇名といわれている。戦艦の乗組員のうち、約一五パーセントが機関関係であった。

●戦艦の〝心臓〟

排水量六万トンもある鉄の塊を三〇ノット(五五キロ/時)で動かす心臓は、どんな構造で成り立っているのであろうか。当時、大型のディーゼルエンジン、ガスタービンがなかったから、大出力を得る機関としては、

一、重油を効率よく燃やすバーナー(燃料器)。

二、このバーナーによって蒸気をつくる。それもきわめて高温、高圧で、二〇〇度、五〇キログラム/平方センチとなる。このためのボイラー(缶)は一〇基程度が搭載されているが、旧式艦ほど数が多い。最大で二八基、最少で六基程度であり、ボイラーの数から戦艦の能力、その国の技術水準がわかるといってもよい。

三、このボイラーでつくられた高圧蒸気を、猛烈なスピードでタービン(羽根車)に吹き

つける。タービンの基数は普通プロペラシャフトの数と同じで、多翼の多段式、複列となっていて、一分間に一万ないし二万回も回転する。もっとも、より小型の工業用タービンの中には、一〇万回も回るものもあるから、とくに高速回転というわけではない。四、タービンが回転するとシャフトも回る。それは変速ギヤにつながっていて、回転数を制御する。スクリュープロペラを回すシャフトの回転数は、最大でも一〇〇回／分程度であるから、この変速ギヤはタービンの回転を一〇〇分の一まで落とす働きをする。直径五メートルもあるスクリュー三ないし四基が、大量の海水を後方に押し出し、その反動で戦艦は前進するのである。

速度については別章で触れるが、最高三三ノット（六一・一キロ／時）、最低二六ノット（四八・一キロ／時）となっていた。ただし三三ノットを発揮したのは、アメリカ海軍のアイオワ級だけで、他の戦艦は三〇ノットどまりであった。

●船体構造と装甲

長大な戦艦の船体は、現代のタンカーなどと異なり、極めてオーソドックスな手法でつくられている。

艦首尾線をむすぶ竜骨（キール）、横方向の隔壁（バルクヘッド）から構成され、それぞれが小さな部屋として独立している。砲塔の下部のみ丸く切り抜かれるが、この直径はおよそ一五メートルである。

前述のボイラーを設置する部分でさえ細かく区分され、ほとんど密閉状態となる。これはもちろん損傷を受けたときの被害を減少させる目的であり、建造には多大な手間を要する。そのうえ戦艦の推進軸が三ないし四本あるため、工事は否応なしに複雑となり、軸一本の商船と比較すると費用の面でも数十倍かかるであろう。同じ大きさで建造が面倒といわれる客船の少なくとも五倍は要するはずである。

これに加えて装甲板を取り付ける作業がともなう。アーマープレートの厚さは主砲の口径と等しくすることが一般的だから、一六インチ砲戦艦では四〇センチもある。もちろん船体すべてを装甲板で囲うことは不可能で、機関部、司令塔、砲塔、および舷側に張りつける。大戦艦になると、このプレートの重量だけでじつに一万トンを超える。巡洋艦一隻分の重量が装甲板に匹敵するので、少々の爆弾、魚雷ではこれを貫通するのは難しい。また船体の両側にはバルジと呼ばれるふくらみを付けて、水中爆発に対する対策としている。バルジの中には燃料が入る。

平均的な戦艦に使われている装甲板の厚さは、次のようなものであった。

砲塔四〇cm、司令塔三五cm、舷側三〇cm、甲板の大部分一五cm、他の甲板四cm

もっとも厚いところは砲塔の前面、司令塔の上面などで四二センチもあった。

●燃料タンクと航続力

戦艦の燃料タンクはボイラーを囲むように取り付けられていて、防弾を兼ねている。使われているのは、近代的な戦艦では重油であるが、かつては石炭あるいは石炭と石油半々といったものもあった。

巨艦だけに飲み込む燃料の量も膨大で、少ない艦でも四〇〇〇トン、多いものでは九〇〇〇トンに達した。これだけの燃料でどれだけの距離を走れるか、ということになるが、平均して一万二〇〇〇海里（二・二万キロ）、つまり地球半周が可能となる。

もちろん航行速度、海面の状況などによって大きく異なるが、経済速度で走れば一万海里（一・八万キロ）程度は可能であろう。とすると、一トンの重油で約二キロ走れるという計算になる。なお経済速度とは、各艦によって違うが、一五ノット（二七キロ／時）前後と見ればよい。

●砲塔と砲弾

戦艦がなんのために存在するのかといえば、巨大な砲弾を発射するための砲塔を搭載するのが目的である。砲塔の重量は一基で一五〇〇トンないし三〇〇〇トンもあるから、まさに駆逐艦一隻分であって、その重さに驚かされる。

またこの砲塔に取り付けられる砲身は二本ないし四本（三本のものが多い）、一本あたりの重量は一〇〇トン以上である。一本だけで港内遊覧船と同じくらい重い。言いかえればダンプトラック一〇台分か。

この砲身から撃ち出される砲弾の重量は、

一四インチ砲　約六四〇キロ
一五　〃　約八〇〇キロ
一六　〃　約一・二トン
一八　〃　約一・五トン
（いずれも徹甲弾・最大重量の弾種）

もある。このように重い砲弾を三〇〇キログラムの装薬（砲弾を発射するための火薬）を使って八〇〇メートル／秒の速度で撃ち出す。三〇メートルもある砲身の中を滑ったあと、砲弾は空中に飛び出し、時速二〇〇〇キロの速さで目標に向かう。雄大な放物線を描き、その頂点は一万メートルより高くのぼる。

三八キロ先まで届き、音速を超える速さで一トンの砲弾が落下する。中にある火薬（炸薬）の量は二〇〇キログラムであるが、砲弾自身が持つ運動エネルギーもまた大きい。しかしそのような物理学の考察よりも、実際に巨大な砲弾が示した威力を見るとしよう。

一九四一年五月十九日、北大西洋を三〇ノットで突進しながら砲撃していたイギリス海軍の巡洋戦艦〈フッド〉は、ドイツ海軍の戦艦〈ビスマルク〉の放った一五インチ砲弾を受け、一瞬にして沈んだ。

中央部を直撃した一弾は、四万三〇〇〇トン、全長二七〇メートルの巨艦を、真ん中から二つにたたき折ってしまったのである。命中から沈没まで数分であり、一五〇〇名の乗組員のうち助かったのはわずか三名を数えるのみであった。

二〇キロの空中を飛んできた〈ビスマルク〉の一五インチ砲弾は、厚さ三〇センチの装甲板を貫き、〈フッド〉の弾薬庫を誘爆させてしまった。この魔術ともいうべき力は、戦艦の主砲とその砲弾だけが持つ。

このように驚異的な砲弾も、ときによってはその威力を発揮できぬまま終わることがある。相手が軽空母、駆逐艦、商船など舷側の鉄板の薄い場合、それを濡れたボール紙のように貫通し、向こう側へ飛び抜けてしまうのである。撃たれた方は船体に大穴が開くが、それだけのことで沈没には至らない。

事実、大戦中にはこのような例がいくつもあった。

この種の主砲の砲弾は、一門あたり一〇〇発前後搭載されている。また弾の種類も多く、徹甲弾、普通弾（炸裂弾）、照明弾、対空弾、榴散弾、訓練弾などがある。このうち対空弾（三式対空弾）は日本海軍だけが持っていた。

●副砲

接近戦を挑んでくる敵の巡洋艦、駆逐艦を撃退するために、戦艦は副砲と呼ばれる大砲を積んでいた。口径は五インチ（一二・七センチ）で駆逐艦の主砲級、あるいは六インチ（一五センチ）で軽巡洋艦の主砲級である。

副砲の数は一六門ないし二四門であった。しかし航空機の発達とともに副砲はしだいに減少し、これに代わって両用砲が装備された。両用砲とは口径五インチで、対水上用、対空用を兼ねる大砲である。

旧日本海軍の大和級は就役時に六インチ砲を副砲として一二門積んでいたが、のちにこれを半数にし、代わりに高射砲を増設した。アメリカ海軍は副砲を早々に全廃し、前述の両用砲に統一している。

〈注〉日本海軍は、高射砲を陸軍の高射砲と区別するために「高角砲」と呼んだ。現在でも海軍に関する記述には、この言葉が使われている。しかし、実質的には高射砲そのものであり、旧陸海軍の対立をそのまま持ち越すような表現は、そろそろ打ち切りたいと思う。

この副砲の数は、見方によってはそのまま戦艦の新旧を示している。古い艦ほど副砲の数が多くなっており、逆に最終生産タイプとなったアイオワ級では、ゼロになってしまっているのであった。

●艦載機とカタパルト、クレーン

戦艦同士の砲撃戦となると、その勝敗を決定するのは砲弾の命中率である。どんなに威力のある砲弾であっても、命中しないことにはなんの役にも立たない。

レーダー（射撃用）が登場するのは一九四二年からであったから、それまでの砲撃には光学的な照準器が使われていた。これは長い棒の両端に置かれた二枚の鏡によって敵艦をとらえ、鏡の角度から三角関数を使って距離を算出するシステムである。

しかしいったん砲撃戦が激化すれば、そのシステムが破壊されたり、故障が生ずる可能性は小さくない。そのため搭載している飛行機（フロート付きの水上機）を発進させて、上空から敵の状況を偵察し、また味方の弾着観測に従事させた。

大戦艦は二機ないし四機の水上機を載せており、目的に沿うよう発着訓練を繰り返した。このような航空機は着弾観測機と呼ばれていたが、のちに〝観測機〟となる。別の言い方では水上偵察機といってもよい。一〇〇〇馬力程度のエンジン付きで、二人ないし三人乗り、速度は三〇〇キロ／時程度で一〇〇〇キロを超す航続力を有する。


さてこの種の水上機の発進は、全長二〇メートルの発射台（カタパルト）を用いて、火薬、あるいは圧縮空気によって射ち出す。カタパルトの上のソリに載せ、エンジンを全力回転まであげておいて、前方へ強い力で放り出すわけである。

二〇メートル走るうちに速度は一〇〇キロ／時を超え、空気に乗って大空へ舞い上がる。

このカタパルトは回転式で、少しでも風を利用できるように考慮されている。

軍艦が風上に向かって走り、そのうえ前方からの風が加われば、発艦はずっと楽になった。これは対気速度として約五〇キロ／時程度が得られるからである。

ところで弾着観測、偵察などの任務を担ってカタパルトから発進した水上機の回収は、どのようにして行なわれるのであろうか。着艦可能な飛行甲板を戦艦が持っているわけではないので、この作業は毎度のことながら大仕事となる。

任務を終えて帰還した水上機は、軍艦のすぐわきに着水してから回収されるわけだが、その時海面が静かであるとは限らない。飛行艇、水上機とも波高が一メートルもあれば、着水は不可能なのである。

こんなとき戦艦は大きく舵をとって、一ヵ所で円を描く。もちろんある程度の速度を保って回り続ける。すると円の内側の波浪は巨体によって平らにされ、一時的ながら静かな水面がつくられる。これをイギリス海軍は〝アヒルの池〟と呼んでいた。

上空で待機していた水上機は風下から進入し、この池に着水する。そしてエンジンをかけたまま戦艦に接近する。戦艦の方は大きなクレーンを使って、水上機を海面から釣り上げるのであった。

日本海軍の〈大和〉をはじめ、各国の大戦艦は少なくとも二基のカタパルト、二、三機の水上機、そして一、二基の大型クレーンを持っていた。このクレーンもカタパルトと同様に旋回可能であって、ときには砲弾、食料の積み込みにも活躍する。

これまで述べてきた戦艦と水上機の関係は第二次大戦の終わりには、ほとんど消えてしまった。艦載機は砲戦のさい、あまり役に立たず、飛ばさずにおけば、かえって火災の原因になりやすい。また回収に当たっては戦艦を一定時間停止させねばならず、潜水艦などに狙われる。

このような状況から、ヘリコプターが現われると、水上機自体が海軍から消えてしまった。

戦後のアイオワ級戦艦は、いずれも後甲板に中型ヘリコプターの発着スペースをとってはいるが、専有の航空機は持たずにきているようである。

しかしその一方で、より小型の軍艦に攻撃用ヘリコプターを搭載しようというアイディアがあり、少しずつ実用化が進んでいる。

たとえばミサイル駆逐艦に二機の攻撃ヘリを載せて、敵艦を数百キロの距離で撃沈しようとしている。この攻撃ヘリには、対艦攻撃だけではなく、地上の目標、対潜攻撃の能力も持たせる。

近い将来、本格的な航空母艦とは異なり、五〜一〇機程度の万能ヘリを駆使する新しい艦種が登場するかも知れない。これは従来の、上陸作戦に投入されるヘリコプター空母ではなく、まったく新しい発想による軍艦であろう。

第2章　大海獣の死闘（その1）

この章では、現実に起こった戦艦同士の海戦を、
日露戦争（一九〇四年〜〇五年）
第一次世界大戦（一九一四年〜一八年）
第二次世界大戦（一九三九年〜四五年）
の三つの戦争に関して取り上げる。

とすると、戦艦という艦種が軍艦を相手にその持てる能力を発揮したのは、長い人類の歴史上でもたった四〇年の間のことであった。そのうえ、戦艦同士が相手を完全に沈めるまで戦った海戦というのは、驚くほど少ない。

この理由のひとつは、戦艦があまりに高価であり、それぞれの国の国威のシンボルでもあったため、思い切って戦闘に投入できなかったのであろう。

それでは三つの戦争での戦艦対戦艦の戦い、「大海獣の死闘」を紹介しよう。

日露戦争の海戦

一九〇四年八月十日の海戦

この海戦は、日本海軍とロシア（帝国）海軍の戦いである。明治維新を乗り切って富国強兵への道を進もうとしはじめた極東の新興国と、ヨーロッパからシベリアまでを支配するロシアとの戦争は、一九〇四年の二月からはじまり、二年の間続く。

戦前の世界の予想としては、ロシアの圧倒的優勢といわれていたが、いったん開戦となると、日本は海上、陸上の両方で数々の勝利をおさめていった。当時ロシアは遼東半島先端の旅順に、世界最大級の要塞を置き、また大軍港を築き、日本への圧力の要《かなめ》としていた。

日露戦争の天王山は——いくつかの陸戦もあるにはあったが——間違いなくこの旅順をめぐる闘いといえる。

戦艦六隻、巡洋艦四隻、駆逐艦一四隻という、きわめて有力な戦力を有していたにもかかわらず、旅順のロシア艦隊は開戦後ほとんど軍港から出撃しようとしなかった。

旅順は周囲を山に囲まれた天然の良港で、この山々には六インチ砲、八インチ砲一二〇門を超す強力な砲台が構築されていた。したがって旅順港に近づこうとする敵艦は、否応なくこの砲台と戦わなくてはならない。

大砲の位置がはっきりとしない砲台と、海上に全身をさらす軍艦が撃ち合えば、後者の不利は明らかである。

これを知りぬいているロシア艦隊は、戦艦戦力において十分に優勢であったにもかかわらず、海上決戦を避け続けていた。困り切った日本海軍は、逆にロシア艦隊を港に閉じ込めてしまう戦術に出た。

港口に貨物船を沈めたり、機雷を敷設《ふせつ》し、封鎖作戦を実施する。こうなると、ロシア艦隊もむざむざ港内に居座り続けるわけにはいかなくなった。

司令長官ウィトゲフト少将は一九〇四年八月十日、全力をもって旅順から脱出し、北方のウラジオストックをめざす。

その戦力は、戦艦六、巡洋艦四、駆逐艦八隻である。

一方、封鎖に従事していた駆逐艦から「敵艦隊出撃」の報を聞いた日本艦隊は、ただちに旅順沖合に向かう。

当時、東郷平八郎大将率いる日本艦隊は、旧式の海防艦、通報艦などを含めて七〇隻からなっていた。しかし戦艦、巡洋艦に立ち向かうことのできる軍艦としては、戦艦四、装甲巡洋艦四、巡洋艦八隻である。

八月十日、昼頃、両艦隊は互いに敵を視認したが、すぐには交戦しなかった。日本側は、相手は一戦を交えたあと旅順へ引き返すとばかり考えていた。

それでは再び敵を捕捉できなくなるので、母港から十分離れるまで攻撃を控えた。しかしロシア側は、日本海軍と戦うことが目的ではなく、ウラジオをめざして突っ走る。

この意図をようやく悟った日本艦隊が、あわてて追撃を開始したのは、三時を回ってからであった。高速で逃げるロシア艦隊を追って二時間も砲撃戦が続いたが、たがいに命中弾は得られない。

このままロシア側が逃げ切るかと思われた五時二十六分、日本側の一二インチ砲弾が敵の旗艦〈ツェザレウィッチ〉の艦橋を直撃した。この砲撃により司令長官、艦長、そして舵手が即死する。舵をとる者がいなくなった戦艦は、大きく旋回し、その後のロシアの艦列は乱れに乱れた。

この機を逃さず、日本艦隊は敵に痛撃を与え、次々と撃破していく。しかし間もなく海上に夕闇がやってきて、互いの艦影を包み隠してしまった。

ロシア側に沈没艦はなかったが、各艦は再起不能なまでに破壊されていた。〈ツェザレウィッチ〉は膠州湾に逃れて、ドイツ軍に抑留された。

また他の艦も旅順に逃げもどったもの、遠く東南アジアの港に入港したものなど、再び艦隊を編成できる状態ではなくなっていた。

ロシア側の死傷者は二〇〇〇名を数え、無傷の軍艦は皆無であった。日本側の損害は軽微で、旗艦〈三笠〉ほか四隻が小破、死傷者は一〇〇名足らずとなっている。

海戦の結果は日本側の勝利であったが、また反省すべき点も多かった。遠距離砲戦となったため、砲弾の命中率が低く、あやうく大敵を逃す可能性があった。また一二インチ砲弾の信管が鋭敏すぎて、敵艦の装甲を貫通できなかった、駆逐艦、水雷艇の夜間襲撃行動が、訓練不足で効果を挙げ得なかったことなどである。

この頃の日本海軍首脳の素晴らしさは、この海戦に勝利を得たにもかかわらず、決して結果に満足しなかった点にある。海戦の状況の詳細な分析とともに、問題点を徹底的に洗い出し、次の戦闘に生かそうと考えた。

とくに、いかに戦艦の主砲といえども、敵艦を撃沈するためには接近して戦わなくてはならぬこと、軽艦艇を多数投入して、昼夜を分かたず襲撃行動をくり返すことを強調している。

この結果は、約一〇ヵ月後の日本海海戦において見事に実証され、ロシア・バルト海艦隊を全滅に追い込むのである。

日本海海戦（一九〇五年五月二十七日）

旅順において極東艦隊を失いつつあったロシアは、もうひとつの方面艦隊を増強し、東洋に送る決定を下した。

これは、リバウおよびクロンシュタットを母港とするバルト海艦隊（日本側はバルチック艦隊と呼んだ）を中心に、手元にある海軍力のほとんどを加えたものであった。

バルト海艦隊が出撃する一九〇四年十月十五日には、旅順要塞は陥落してはいなかったが、極東艦隊の大部分は執拗《しつよう》な日本軍の攻撃により、戦力と呼べる状況ではなくなっていた。戦艦のほとんどは八月十日の海戦と、旅順港周辺の小競り合いによって、手ひどく損傷を受けて動けない。またウラジオストック軍港を母港とする軍艦（装甲巡洋艦三隻主力）も、八月十四日の蔚山《うるさん》沖海戦で全滅に等しい状態である。

とすれば、一万八〇〇〇キロの大海原を越えて、残るロシア海軍の全力を送るよりほかに戦争に勝つための手段はない。

このバルト海艦隊をロシアは第二艦隊と呼び、給炭船、病院船、工作艦を含めて五〇隻の編成とした。支援艦船の乗員を合わせると、艦隊にはじつに一万五〇〇〇名近い将兵が乗り組んでおり、史上最大の大遠征ということになる。

バルト海のリバウに集結したロシア艦隊は、大西洋を南下し、アフリカ南端を回ってインド洋へ入り、シンガポール沖から日本近海へ向かうのであった。

当時の軍艦はすべて石炭を燃料としていたから、一ヵ月に二度の割合で給炭を必要とした。このため給炭船が同行するか、それとも行く先々で石炭を購入し、洋上での積み込み作業を行なわなくてはならない。また、あとからやってくる増援の艦艇との会合の関係から、航海の日程は遅れに遅れた。

一九〇五年元旦、日本軍は半年近い月日と四万人の人命を消費して旅順要塞を陥落させた。ロシア陸軍の全部が降伏し、また軍港内に残っていた軍艦は砲撃にさらされて沈没した。日本艦隊は八月以来四ヵ月ぶりに日本に帰り、艦艇の整備、乗組員の休養にたっぷりと時間をとることができた。

本来ならそろそろ姿を見せるはずのロシア艦隊はまったく現われず、三月頃から日本海軍は整備の終えた軍艦をもって猛訓練を開始する。敵の大艦隊が来攻することが明日であったので、このときの訓練は実戦さながらの激しさとならざるを得なかった。

同じ時期に満州における陸軍の戦闘は勝利につぐ勝利であったが、大国ロシアは莫大な予備兵力を有しており、逆に日本は兵力、戦費とも底をつきかけていた。したがって戦争の勝敗は、艦隊同士の大決戦によって決定すると思われた。

この海戦時においても、日清戦争の頃と同様に日本海軍の艦艇はかなり雑多なものがまじっていた。しかもそのいずれもが、たいした戦力とはならず、主力は戦艦、装甲巡洋艦、巡洋艦、駆逐艦（水雷艇を含む）である。旧式の砲艦、海防艦などはたんに名をつらねているだけであった。

その点、ロシア海軍の方が艦種を整理していた。それでは両軍の戦力の大要を記す。

●日本艦隊

第一艦隊　戦艦四隻、装甲巡二隻、巡洋艦四隻、駆逐艦一七隻

第二艦隊　装甲巡六隻、巡洋艦四隻、駆逐艦・水雷艇一五隻

第三艦隊　巡洋艦四隻、水雷艇三〇隻、他に海防艦、砲艦など

日本軍の実質的な戦力は、戦艦四、装甲巡洋艦八、巡洋艦一二、駆逐艦・水雷艇六二隻となる。これ以外に通報艦など三七隻があり、総排水量は二二万トン近かった。

他方、ロシア艦隊は軽艦艇が少なく、戦艦が充実していた。

●ロシア艦隊

第一、第二、第三戦艦部隊　戦艦八隻、装甲巡一隻、他三隻

第一、第二巡洋艦部隊　装甲巡二隻、巡洋艦六隻

第一、第二駆逐艦隊　駆逐艦九隻

その他、工作艦など九隻で、総排水量一五・三万トンである。

ロシア艦隊の戦艦戦力は日本の二倍であったが、逆に軽艦艇については日本側が相手の三倍であって、総合的な戦闘力は不明というしかない。

他の条件が同様であれば、勝敗の行方はまったく混沌としており、白昼の海戦となればロ

ツェザレウィッチ、スワロフ

オスラビア、アレクサンドル三世

シアが優勢、夜戦となれば日本の優勢という予想が列強の海軍の専門家の意見であった。

延々と七ヵ月かけてバルト海からやってきたロシア海軍の大艦隊を、日本の哨戒艦が発見したのは一九〇五年五月二十七日午前二時であった。ようやく使われはじめていた無線電信による連絡が、日本艦隊に届き、旗艦〈三笠〉ほか戦艦三隻、装甲巡洋艦八隻、巡洋艦一二隻は出港準備を急いだ。

発見から一二時間後、両軍合わせて一〇〇隻近い軍艦が、対馬海峡の沖ノ島で激突する。半年にわたって訓練を積み、各艦の整備状態も最高であった日本艦隊は、自信を持って接近戦を挑んだ。

戦艦の能力からいえばどちらも大差はなく、いずれも一二インチ砲四門を主砲としている。しかし、いったん戦いが開始されると、砲弾の命中率は二〇対一の割合で、日本側が優れていた。

のちに日本の一参謀は「この戦いは最初の三〇分ですべてが決定した」と記しているほどである。

砲戦開始から三〇分の間に、ロシア側の旗艦は大破炎上、一時間後には代わって先頭に立った戦艦が沈没する有り様であった。当時すでに戦艦の防御力は高く評価され、戦艦は砲弾だけでは沈まないといわれていたが、この予想は簡単に覆されてしまった。

午後二時からはじまった砲戦は、日没まで続いたが、その間ロシア軍の戦艦四隻が、砲弾の命中とそれによる火災で沈没した。この四隻〈スワロフ〉〈オスラビア〉〈ボロジノ〉〈アレクサンドル三世〉は、ロシア艦隊の中核をなす強力な戦艦群である。

五月の遅い日没のあと、暗闇が海峡を支配する頃から、日本海軍の軽艦艇（駆逐艦、水雷艇）による魚雷攻撃が開始される。暗闇の中で、傷つき炎上しているロシア艦は、小型で高速の駆逐艦にとって絶好の目標以外のなにものでもなかった。

日本海軍の軽艦艇はじつに六二隻もあり、これらは草原のハイエナのごとく、油を流して動けなくなっている大型戦艦に次々と襲いかかる。三隻の水雷艇とその乗員一六〇名を代償に、日本海軍は二隻の戦艦、二隻の巡洋艦を撃沈した。

夜間、高波の中を突進してくる小型艦に対して、戦艦、巡洋艦が有効な対抗手段をとるのは困難である。レーダーなど思いもつかなかった時代であるから、サーチライトを用いて敵艦を照らし出すほかない。しかし暗夜にライトを点灯すれば、その艦自体の存在が明らかになる。

昼間の砲撃戦、そして夜間の魚雷攻撃と、日本艦隊は休むことなくロシア艦隊を攻めたてた。このような状況に絶望したロシア海軍の士官の中には、艦上において拳銃自殺をはかる者さえ現われている。

日本の一二インチ砲弾は、貫通力よりも発生する高熱により敵艦に火災を起こさせることが多かった。長い航海を続けるため、可燃物を大量に搭載していたロシアの艦艇は、この大火災により、戦闘能力を奪われたのであった。

×14門、他：7.6cm砲×20門、装甲：最高厚さ14インチ、水線ベルト9インチ、速力：18ノット、航続距離：10ノットで5000海里、出力排水量比：0.98馬力／トン、乗員：最大840名、主砲の配置：連装砲塔×1基、前・後部とも、同型艦名：敷島、初瀬、朝日

艦名：三笠（戦艦）、国名：日本、敷島級４番艦、同型艦数４隻、起工：1897年6月、完成：1900年6月、排水量：基準14800トン、満載16900トン、寸法：全長×全幅×吃水：134m×23m×8.3m、機関：缶数25基、レシプロ機関２基、軸数：2、出力：1.45万馬力、主砲：12インチ30cmL45砲×４門、１門の威力数540、副砲：6インチ砲

インチ砲×12門、他：7.5cm砲×20門、装甲：最高厚さ10インチ、水線ベルト6インチ、速力：17.5ノット、航続距離：8ノットで5000海里、出力排水量比：1.21馬力／トン、乗員：最大840名、主砲の配置：連装砲塔×1基、前・後部とも、同型艦名：インペラトール・アレクサンドル三世、アリヨール、クニャージ・スワロフ、スラバ

艦名：ボロジノ（戦艦）、国名：ロシア、ボロジノ級１番艦、同型艦数５隻、起工：1899年７月、完成：1901年９月、排水量：基準13500トン、満載15800トン、寸法：全長×全幅×吃水：121m×23.2m×8.0m、機関：缶数20基、レシプロ機関２基、軸数：2、出力：1.63万馬力、主砲：12インチ30cmL45砲×４門、１門の威力数540、副砲：6

明けて二十八日、日本海で発見されたロシア軍の艦艇は、すでに戦意を失っており、戦うことなく降伏する道を選んだ。

旧式戦艦二隻を含む五隻が、大した損傷もなく日本軍の手中に入った。一部の艦は北方三〇〇キロの竹島、欝陵島《うつりょうとう》付近まで逃げのびたが、ここで日本軍に捕捉され、沈没している。

ロシア側は総トン数一五万トンのうち一一万トン、兵員一万三〇〇〇人のうち九〇〇〇人を失った。これがバルト海のリバウ港、クロンシュタット港からはるばる遠征してきたロシア・バルチック艦隊の末路となる。

日本艦隊の損失は前述の水雷艇三隻（合計約一〇〇〇トン）、死傷者約一〇〇〇名（戦死三五〇名）のみ、と信じられぬほど少なかった。ほかにも敵弾を受けて損傷した軍艦は多かったものの、中破以上のものはない。

結局、日本海軍の残敵掃討が終了したのは二十八日の昼であった。

これと比較してロシア艦隊の状況は〝悲惨〟のひと言に尽きる。損害の内訳は、

沈没（自沈も含む）
戦艦六、巡洋艦四、駆逐艦四、海防艦一、特務艦三、仮装巡洋艦一隻
降伏
戦艦二、海防艦二、駆逐艦一隻

脱出・逃走
巡洋艦五、駆逐艦四、特務艦四隻

この一三隻は中立国の港に逃げ込みそのまま抑留されたもの、なんとか目的地のウラジオストックにたどりついたもの、また来た道を引き返したものなどいろいろな運命を迎えるのである。

しかしいわゆる主力艦（キャピタルシップ）は全滅し、ロシア海軍に戦力と呼べるものは皆無となってしまった。

世界の海戦史において、大艦隊同士が衝突した例はいくつとなくあるが、これほど勝敗に差がついた戦闘はひとつとしてない。まさにアジアの新興国日本の名は世界に轟いたのである。

加えて有色人種が近代兵器を用いて、白人種の軍隊を撃破した希な戦いといえる。技術的に見た場合、この日本海海戦が生まれたばかりの〝戦艦〟を一挙に軍艦の頂点に押し上げたのである。

主力艦に関しての戦訓としては、

一、戦艦の能力は他の艦種を大きく凌駕《りょうが》して圧倒的である
二、装甲巡洋艦はうまく使えば、主力同士の決戦においても十分に有力である
三、夜間に多数の駆逐艦、水雷艇をもってする敵の主力艦への魚雷攻撃は、きわめて有効である

といった事柄であろうか。

なおこれだけ勝敗に大差がついた原因としては、
一、日本海軍は一九〇五年の一月以来、約半年間にわたり十分な訓練、艦艇の整備の時間的余裕があったこと
二、ロシア艦隊は訓練時間はともかく、整備についてはほとんどなされていなかったこと
三、ロシア艦の乗員の中に革命の気運が流れ、かつ指揮が統一されていなかったこと
などがあげられる。

加えて一万八〇〇〇キロという大遠征のため、軽快部隊の艦艇が極度に少なかったこと（駆逐艦はわずかに九隻のみ）、なども一因と思える。

しかしもっとも重要な点は、どうしてもロシア艦隊を撃滅しなければならぬ、と考えていた日本海軍と、ともかくウラジオストックの港に行き着けばよい、とするロシア海軍の「戦闘に対する意識・戦意の差」とも言い得るはずである。

日本海海戦の詳細を知った欧米列強諸国、いや南米の国々まで、このあと競って戦艦をそろえることに力を注ぎはじめる。チリ、ブラジル、オーストラリア、ニュージーランドまでが、新式戦艦に触手をのばしはじめた。

日本は逆に、戦艦の自国建造を研究し、十数年の努力のすえ、それをなし遂げるのであった。そのような意味では、日本海海戦ほど、その後の各国海軍の進むべき方向を決めた戦いは希なのであった。

第一次世界大戦の海戦

ドッガーバンクの戦い（一九一五年十二月二十四日）

一九一四年六月に、オーストリア皇太子がセルビアにおいて暗殺された事件をきっかけに、四年にわたって続くことになる第一次大戦が勃発した。

この大戦争における海上戦闘の主要な舞台は、北大西洋と地中海である。イギリスはこのふたつの海に大艦隊を派遣しなければならなかったが、その強敵たるドイツは大西洋だけで戦えばよかった。

開戦から約半年、北海のドッガーバンク周辺海域で、史上ただ一回だけの海戦があった。これが〝ドッガーバンク〟の海戦で、ただ一回だけという意味は、これが英、独両海軍の「巡洋戦艦部隊のみによる戦闘」であったからである。有史以来たびたび発生した海戦の中で、巡戦同士の激突という形の戦いは、他には存在しない。

なおドッガーバンクの名は、北海のほぼ中央にある海山（海の中の巨大な山）に由来する。北海は平均水深が四二〇〇メートルという深い海であるが、ほぼ中央に海山があって、その頂上（もちろん水面より下にある）付近の水深はわずかに三〇メートルしかない。海流がこの山に衝突して、多くのプランクトンを水面に押し上げるため、膨大な量の魚類がここに集まり、絶好の漁場になっていた。

さて、大戦がはじまるとイギリス海軍は、保有艦艇の大部分を投入して、ドイツ沿岸の封鎖を企てる。ともかく英、独海軍の戦力は二対一、あるいは八対五（六三パーセント）と、イギリスが圧倒的に有利であった。

このまま押さえ込まれてはならじと、ドイツ海軍は時おり出撃して英本土を砲撃した。兵力としてはイギリス側が多いが、ドイツ海軍には、つねに戦闘のイニシアティブをとれる有利さがあった。

もちろんイギリスの沿岸地方を砲撃して無事に帰還するためには、高速の軍艦でなくてはならない。少しでももたつけば、英海軍はドイツ艦隊を包囲するだけの艦艇を送り出せるのである。

強大な砲撃力、そして高速力が必要とされるのであれば、その出番は巡洋戦艦となる。ドイツは大海艦隊（High Sea Fleet・日本の連合艦隊にあたる）の中に、偵察部隊を擁しており、これが巡戦隊であった。一方、イギリス海軍は大艦隊（Grand Fleet）の中に、第一、第二巡戦部隊を持っている。

一九一五年十二月下旬、ドイツ本土の港を出港し、英本土を砲撃しようとしたのはF・V・ヒッパー中将直率の偵察部隊であった。

旗艦　巡戦〈ザイドリッツ〉ほか二隻
　装甲巡洋艦〈ブリュッヘル〉
　　軽巡洋艦六隻　計一〇隻

装甲巡洋艦とは、第二次大戦中の重巡洋艦に匹敵する艦種と考えればよい。

イギリス海軍首脳はドイツ側の意図を見抜き、D・ビーティー中将に巡戦部隊の出動を命じる。

旗艦　巡戦〈ライオン〉ほか四隻
　軽巡洋艦四隻
　　駆逐艦三五隻　計四四隻

このように兵力から見れば、イギリス軍が圧倒的であった。しかし戦闘が開始されると、イギリスはただちに戦艦部隊をあわてて出港させるが、鈍速であり間に合うはずもなかった。

一月の北海は、ときには濃霧、ときには吹雪といった天候に加えて、ほとんど時化《しけ》ている。北極海から押し寄せる大波は、この海域に至ってもおさまる気配を見せない。海水の温度は五度まで下がり、人間はこのような水の中では三〇分しか生きることはできない。しかし海戦はそんな現実とは無関係に開始されるのであった。

一九一五年十二月末、ドイツ巡戦部隊はイギリスの東海岸の都市を次々と襲い、艦砲射撃で破壊していった。それも徹底的に破壊するのではなく、一定の損害を与えると三〇ノットの高速でさっと引き揚げるのである。まさにヒット・エンド・ランというべきで、これを捕捉しようとするには巡洋戦艦しかなかった。

ドイツ側の意図は、本土を砲撃することにより英国民に心理的動揺を与えようとしたのであろう。しかし、たびたび同じ戦術をくり返せば、イギリスがそれに対する手段を考え出すのは当然である。英第一、第二巡戦部隊はドイツ偵察艦隊の出撃を予想して、夜のうちに出港、退路を断つ位置に進出した。

クリスマスイブの朝、まだ薄暗い海上で、両軍の巡戦部隊はたがいに敵の大艦隊を発見した。ドイツ艦隊としては、敵に一撃を与えて南東へ突っ走るしか方法はなかった。

とどまって本格的に戦うには兵力が少なすぎるし、時間がたてばイギリスの戦艦部隊が駆けつけてくるのは自明の理といえる。ドイツ軍は三隻の巡戦、その後ろに装甲巡洋艦をならべた単縦陣で戦闘にそなえた。

一方、イギリス艦隊は旗艦〈ライオン〉以下五隻の巡戦を軽巡、駆逐艦が取り囲むような態勢で進んでいた。

しかし当日海上は時化模様で、軽艦艇はしだいに遅れていく。午前八時頃から砲撃戦がは

ライオン、インドミタブル、ザイドリッツ

じまったが、主役となったのはドイツの巡戦三、装甲巡一隻とイギリスの巡戦五隻である。

波が高くなってくると、装甲巡〈ブリュッヘル〉はどうしても遅れてしまう。大きさは巡戦と比較すると約半分であり、速力も遅い。同艦には九時を回る頃から英巡戦の一三・五、一二インチ砲弾が次々と命中し、船足はますます低下した。

これを救おうとドイツ巡戦は、追撃してくるイギリス艦隊の旗艦〈ライオン〉に砲火を集中させる。三隻の巡戦が他艦から撃たれることを承知で敵の旗艦を狙うのである。

この決断は功を奏し、〈ライオン〉には一一インチ砲弾五発が命中、浸水を生じた。同艦は間もなく速力が低下、十二時すぎに航行不能となってしまった。

また同じ頃、〈ブリュッヘル〉は追ってきたイギリスの巡洋艦、駆逐艦隊につかまり、砲撃と魚雷によって波間に沈んだ。

ドイツ巡戦三隻は、旗艦〈ザイドリッツ〉に二弾が命中し中破したものの、無事帰還することができた。

北海の真ん中で動けなくなった〈ライオン〉は、僚艦〈インドミタブル〉に曳航され、二四時間後に英本土の港にたどりつく。

結局約半日にわたって続いた海戦の結果、ドイツ側は装甲巡洋艦一隻が沈没、巡洋戦艦一隻が中破し、一〇〇〇名の将兵を失った。

イギリス側の損害はこれに比べてずっと少なく、巡戦一隻中破、戦死六〇名となっている。

この海戦から、装甲巡洋艦の価値は急速に低下し、より近代的な重巡洋艦へと変身を迫られることになる。

日本海海戦（一九〇五年）のさい、日本海軍は装甲巡二隻を戦艦の補助として用い、成果を挙げた。しかしこのドッガーバンクの海戦では、それが思惑どおりにならない状況が明確になる。

ところで英、独両海軍は、この海戦から学ぶ点が多かった。とくに、もともと戦艦と比較して装甲の薄い巡洋戦艦の防御について、被害を調べ、より有効な対策を講《こう》ずるべきであった。〈ライオン〉〈ザイドリッツ〉ともに遠距離を飛翔してきた砲弾の落下によって、砲塔の天井（天蓋）を貫通されていた。幸いにも弾薬庫への注水に成功し、誘爆をまぬかれて、なんとか生き延びたのである。また〈ライオン〉は上部装甲も破られ、機関室も損傷を受けていた。

やはり巡洋戦艦という艦種は、速力が大きい分、防御力が小さい事実が証明されたのである。けれどもこれに対する反応は、両方の海軍で対照的であった。

イギリスは多数の巡戦を擁しているにもかかわらず、対策を怠り、これといった補強工事は実施していない。

ドイツは思わぬ被害に驚きながら、さっそく防御力強化に乗り出した。これはたんに装甲板の厚みを増すということだけではなく、弾薬庫の消火設備の改善、ダメージコントロール士官の養成など多岐にわたっている。

巡洋戦艦にかぎらず、戦艦を含めた主力艦について、たがいに宿敵であった英、独両海軍の艦艇は、

イギリス　攻撃力大　大砲の口径大
　　　　　防御力小　速力中
ドイツ　　攻撃力中　大砲の口径小
　　　　　防御力大　速力大

の傾向が見られ、巡戦に関してはこれが如実に表われていた。そのうえ防御についての考え方の差が大きく、この結果は一年半後に勃発する大海戦ではっきりと示される。

同じ程度被弾しても、ドイツの巡戦は容易に沈まず、一方、イギリスの巡戦は爆沈に近い状態で消えていくのであった。そしてその原因は、このドッガーバンクの戦いの教訓を学んだかどうかに、かかっていたのである。

ジュットランド沖海戦（一九一六年五月三十一日〜六月一日）

一九一六年の春、スカゲラック海峡の沖合で史上最大の海戦が起こった。
イギリスの大艦隊（Grand Fleet）
主力艦三七隻、その他一一二隻
ドイツの大海艦隊（High Sea Fleet）

主力艦二四隻、その他七八隻が一八時間にわたって激突したのである。正確な数字は不明だが、参加した全戦闘艦の合計排水量は二五〇万トンに達している。また戦艦、巡戦の二八センチ（一一インチ）以上の巨砲は五〇〇門（英三二〇門、独二〇二門）にのぼっている。

第二次大戦中に太平洋でいくつかの大海戦が発生してはいるが、

一、ほぼ限定された海域で

二、両軍の全艦艇がほとんど同時に

三、航空機、潜水艦の介入がないまま戦う

といった条件を考えれば、この〝ジュットランド沖海戦〟は疑いもなく、史上最大の海戦と断言できる。なおドイツではこの戦いを〝スカゲラック海峡沖海戦〟と呼んでいる。

一九一四年七月二十八日、第一次大戦がはじまった。一方はドイツ、オーストリア＝ハンガリー、トルコ。他方はイギリス、フランス、ロシア、のちにイタリア、アメリカ、日本などの歴史上最大スケールの戦争である。

この戦争は四年二ヵ月にわたって続くが、海上戦の主役はなんといってもドイツとイギリスであり、この二ヵ国以外の海軍は、本格的な戦闘を経験しないままに終わる。

また民間人を含めて二〇〇〇万人以上の死者を出した大戦争ながら、大規模な海戦はこの〝ジュットランド沖海戦〟ただ一回だけであった。

巡洋戦艦同士の〝ドッガーバンクの戦い〟、戦艦と陸上砲台が死闘を演じた〝ダーダネルス海峡の突破戦〟といった戦闘が起こってはいるが、いずれも多数の主力艦が巨砲を撃ち合うという状態ではなかった。

このような事実を知ると、〝ジュットランド沖海戦〟については、いかにページを費やそうとも、費やし過ぎることはない。

それではさっそく、五月末とはいえ冷たい北風が吹きわたり、高い波浪が立ち騒ぐ北海に目を向けよう。

現代の軍艦と違って、太く高いファンネルから黒煙がもうもうと吹き上げる巨艦群が、スカゲラック海峡の沖合に集結しようとしているのである。

五月三十一日午後二時六分、この海域を航行していたデンマークの汽船〈N・J・フィヨルド〉の存在が、海戦の発端になった。英、独両艦隊の前衛哨戒艦がほぼ同時に、両者の中間の位置にいたこの汽船を見つけたのである。ここにおいて、いずれの側もごく近いところに、敵の大艦隊が存在することを知った。

このあと開始された大海戦は、ふたつの艦隊を合わせると艦艇数二〇〇隻にもなり、したがって戦闘状況も複雑を極める。しかし緒戦から戦闘中止までの間、つねに先頭に立って勇戦したのは、英、独の巡洋戦艦部隊であった。

イギリス　D・ビーティー中将

巡戦六隻、戦艦四隻

ドイツ　F・V・ヒッパー中将
　巡戦五隻
は午後二時十六分から三時間半にわたり、激烈な砲撃戦を続行する。

ドイツ巡戦の砲撃技術はイギリス海軍を大きく凌駕《りょうが》し、四時三分〈インデファティガブル〉、四時三十分〈クイーン・メリー〉を短時間のうちに撃沈した。とくに後者は二万六〇〇〇トンという大型艦であったが、独巡戦〈デアフリンガー〉からの巨弾二発の命中を受け、大爆発を起こして轟沈した。

この直後、新鋭戦艦四隻からなるイギリス軍の主力が、ドイツの巡戦部隊に損害を与えた。巡戦部隊の危機を知った独戦艦七隻が駆けつけ、英戦艦に反撃する。

五時頃になると、この海域で二〇〇隻の軍艦が入り乱れて戦うという状況になってきた。前述の英戦艦四隻、独巡戦五隻は、共に満身創痍《そうい》の状況となりながらも、戦いをやめなかった。

ドイツの〈フォン・デル・タン〉などは、次々と敵弾が命中し、全砲塔が使えなくなってはいたが、敵の砲火を引きつけるため依然として戦場にとどまっていた。夕刻とともに主力部隊の戦闘距離は一〇キロまでに縮まり、砲弾の命中率は高くなる。

北海の遅い日没からしばらくの間、太陽を背にしたため、ドイツ艦隊の損害が多くなっていった。しかしドイツ巡戦の防御力は打撃に耐え、不利な態勢ながらなんとか持ちこたえていた。

七時半近くになると、イギリス戦艦部隊は絶対的に優勢な隊形となり、三〇隻を超す戦艦のすべてがドイツ艦隊を砲撃していた。このままの状態が続けばドイツ海軍の全滅は時間の問題となるが、ベテランの指揮官が事態を放置しておくわけはない。二四隻からなるドイツ駆逐艦は、主力の危機を救うべく戦艦群に接近し、三〇発以上の魚雷を発射した。英戦艦はこれを回避するため緊急の回頭を行ない、隊列は大きく乱れた。

二隻の駆逐艦が沈められたが、ドイツの主力は虎口を逃れたのである。しかも狭い海域に多数の軍艦が走り回っているために、戦場が暗くなっても戦闘は続いた。

混乱はますます大きくなっていく。

イギリス海軍は夜戦を避けたかったが、ドイツ側は損害を顧みず戦闘を強要した。しばらくするとドイツ海軍のこの積極さがマイナスとなる。なぜならイギリス艦隊の西側に、ドイツ艦艇がまとまってしまったからである。

このまま戦い続けて夜が明けたら、基地から遠く離れた場所で、数的に圧倒的なイギリス軍と遭遇することになってしまう。この事態に気づいたドイツ大海艦隊司令長官R・シェーア中将は、午後十一時四十五分に全艦艇に向け命令を発する。それは、『どのような犠牲を払っても（イギリス海軍の戦列を突破して）、夜明けまでにホーン・リーフ岬の泊地に向かえ』というものであった。シェーア中将はしばらくして『Durchhalten なんとしてもやり抜け！』と付け加えた。

デアフリンガー、フォン・デル・タン

力数600、副砲：5.9インチ砲×14門、他：8.8cm砲×4門、装甲：最高厚さ11インチ、水線ベルト11インチ、速力：27ノット、航続距離：10ノットで4800海里、出力排水量比：2.89馬力／トン、乗員：最大1110名、主砲の配置：連装砲塔×2基前部、後部・中央後部に各1基、同型艦名：デアフリンガー、ヒンデンブルク

艦名：リュッツオー（巡洋戦艦）、国名：ドイツ、デアフリンガー級2番艦、同型艦数3隻、起工：1912年6月、完成：1916年1月、排水量：基準26300トン、満載28300トン、寸法：全長×全幅×吃水：210m×29m×8.3m、機関：缶数18基、蒸気タービン2基、軸数：4、出力：7.6万馬力、主砲：12インチ30.5cmL50砲×8門、1門の威

力数607、副砲：4インチ砲×16門、装甲：最高厚さ9インチ、水線ベルト9インチ、速力：27.5ノット、航続距離：10ノットで4900海里、出力排水量比：2.80馬力／トン、乗員：最大990名、主砲の配置：連装砲塔×2基前部、中央・後部に各1基、同型艦名：ライオン、プリンス・ロイヤル

艦名：クイーン・メリー（巡洋戦艦）、国名：イギリス、ライオン級3番艦、同型艦数3隻、起工：1909年11月、完成：1913年6月、排水量：基準26800トン、満載30200トン、寸法：全長×全幅×吃水：214m × 27m × 8.5m、機関：缶数42基、蒸気タービン4基、軸数：4、出力：7.5万馬力、主砲：13.5インチ34cmL45砲×8門、1門の威

砲×8門、装甲：最高厚さ13.8インチ、水線ベルト13.8インチ、速力：22ノット、航続距離：12ノットで2000海里、出力排水量比：1.57馬力／トン、乗員：最大1090名、主砲の配置：連装砲塔×前部1基、中央部2基、後部2基、同型艦名：カイザー、カイゼリン、ケーニッヒ・アルベルト、プリンツレゲント・ルイトポルト

艦名：フリードリッヒ・デア・グロッセ（戦艦）、国名：ドイツ、カイザー級2番艦、同型艦数5隻、起工：1910年2月、完成：1913年8月、排水量：基準25400トン、満載27000トン、寸法：全長×全幅×吃水：172m×29m×8.3m、機関：缶数16基、蒸気タービン3基、軸数：3、出力：4.0万馬力、主砲：12インチ30cmL45砲×10門、1門の威力数540、副砲：5.9インチ砲×14門、他：8.8cm

門の威力数607、副砲：6インチ砲×12門、装甲：最高厚さ12インチ、水線ベルト12インチ、速力：21ノット、航続距離：10ノットで6800海里、出力排水量比：1.24馬力／トン、乗員：最大1020名、主砲の配置：連装砲塔×2基、前・後部とも、中央部に1基、同型艦名：マールボロ、ベンボウ、エンペラー・オブ・インディア

艦名：アイアン・デューク（戦艦）、国名：イギリス、アイアン・デューク級1番艦、同型艦数4隻、起工：1912年1月、完成：1914年1月、排水量：基準25100トン、満載30900トン、寸法：全長×全幅×吃水：190m × 27.4m × 9.0m、機関：缶数18基、蒸気タービン4基、軸数：4、出力：3.1万馬力、主砲：13.5インチ34cmL45砲×10門、

ドイツの諸艦は速力をあげて一斉に南東に向かった。暗闇を利用して、イギリス軍の艦隊の間をすり抜け、祖国の港をめざすのである。このときから六月一日の午前三時まで、敵味方の舷側がすれ合うような接近戦が続く。

イギリス巡洋艦とドイツ駆逐艦が接触したが、たがいに敵か味方かすぐにはわからぬ激戦であった。この中で炎上したり、航行不能になっていた軍艦は、次々と集中砲火により沈められた。ドイツ巡洋艦〈エルビング〉、イギリスの〈ブラック・プリンス〉など、いずれも大破しており、この時の戦いを生き延びられなかった。

夜が明けかかる頃には、ドイツ海軍の主力は戦場を離れることに成功した。しかしもっとも華々しく戦った巡戦〈リュッツオー〉は、リーフ泊地の直前まで帰投していながら、大量の浸水にもちこたえられず、沈んでいった。

同じく巡戦の〈ザイドリッツ〉の前部の上甲板は、水面下にあったが、それでも同艦は生還したのである。

主力部隊の戦闘は終わったが、巡洋艦、駆逐艦隊はまだ戦っていた。しかしほとんどの艦艇は、砲弾も魚雷も撃ち尽くし、順次母国の港に向け、戦場を去っていく。わずかにドイツの旧式戦艦〈ポンメルン〉、英巡〈ワリヤー〉がこの頃に沈んだだけである。

夜明けと共に、イギリス大艦隊のJ・ジェリコー大将は、ドイツ大海艦隊が東方に向け走り去ったとの報告を受け取ったが、それを阻止する手段はなかった。彼にとってできることは、沈没艦の乗組員の救助と、航行不能の軍艦の回収であった。

こうして史上最大の海戦は、少々竜頭蛇尾の感を残して終了したのであった。最初の一発が発射されてから、ほぼ一八時間がたっていた。

それでは両軍の損害を詳しく見ていくことにしよう。

●イギリス側の損害

巡洋戦艦　〈クイーン・メリー〉

〈インデファティガブル〉

〈インビンシブル〉

巡洋艦　〈ブラック・プリンス〉

〈ディフェンス〉

〈ワリヤー〉

駆逐艦　八隻

以上が沈没。中破したものは戦艦二隻、巡戦三隻である。

損失トン数の合計はじつに一一万二〇〇〇トン。戦死者の数は資料によって異なり、六三〇〇名から七〇二〇名の間とされている。

中破した主力艦の中でも、最新鋭の戦艦〈マレーヤ〉の損傷はかなりひどく、修理に半年もかかるほどであり、六〇名の戦死者を出していた。

●ドイツ側の損害

巡洋戦艦〈リュッツオー〉
巡洋艦〈エルビング〉
〈ロストック〉
〈フラウエン・ロッブ〉
〈ウィスバーデン〉
旧式戦艦〈ポンメルン〉
駆逐艦　五隻

以上が沈没。中破したものはヒッパー隊の巡洋戦艦四隻となっている。

損失トン数は六万二〇〇〇トンで、イギリス側の約半分であった。戦死者の数は二九〇〇名から三一〇〇名の間であるが、これまたイギリスの半分以下であった。

損害だけ見れば、この大海戦の勝利は間違いなくドイツ海軍で、特に総兵力がドイツ五対イギリス八と劣勢だった事実を思い起こせば、いよいよそれがはっきりとする。

しかし海戦終了後、戦闘可能で残った主力艦の数を調べてみると、

	戦艦	巡戦	合計
英	二六	三	二九
独	一六	なし	一六

と相変わらずイギリス海軍が圧倒的であった。もともとドイツ海軍の主力艦の数は不足気

ジュットランド沖海戦（1916年5月31日～6月1日）

	イギリス大艦隊	ドイツ大海艦隊
戦艦（隻）	28	16
巡洋戦艦	9	5
主力艦小計	37	21
装甲巡洋艦	8	なし
巡洋艦	26	11
巡洋艦小計	34	11
駆逐艦	78	61
旧式戦艦	なし	6
合計	149	99
損失		
巡洋戦艦	3	1
巡洋艦	3	4
駆逐艦	8	5
旧式戦艦	なし	1
損失排水量（トン）	111980	61970
戦死者（名）	7011	3086

味で、そのため不利を承知で前ド級旧式戦艦六隻を戦列に加えていたのである。

戦没した〈ポンメルン〉は一九〇七年八月に竣工の戦艦であったが、寸法、兵装は日露戦争当時の〈三笠〉と大同小異である。これでは超ド級戦艦、巡洋戦艦同士の決戦に投入することには大きな無理がある。ドイツ側の旧式戦艦六隻のうち、損害が〈ポンメルン〉だけですんだのは幸運といわねばならないのだろう。

また北海、大西洋、そして地中海の制海権を握っているのはこの海戦後もイギリスであった。

主力艦の保有数に大きな差があるため、ドイツ海軍は二度と攻勢に出ることはなかった。

この意味からは、戦略的な勝利はイギリス側にあった、としても間違いとはいえない。

さて、この海戦を造艦技術、戦闘能力といった面から見ると、興味は倍増する。

主砲の口径は、

イギリス　戦艦　一三・五インチ（三四・三センチ）
　　　　　　　　一五・〇インチ（三八・一センチ）
　　　　　巡戦　一二・〇インチ（三〇・五センチ）
　　　　　　　　一三・五インチ（三四・三センチ）
ドイツ　　戦艦　一二・〇インチ（三〇・五センチ）
　　　　　　　　一一・〇インチ（二八・〇センチ）
　　　　　巡戦も同じ

インデファティガブル、インビンシブル

となっていて、ドイツ主力艦の方がひとまわり小さい。しかし損失数はイギリス三隻、ドイツ一隻となっているから、次の事実がわかる。
一、イギリスの巡戦の防御力不足はあきらかである。
二、ドイツ側の主砲の口径の小さい点は、あまり問題とならなかった。
三、砲撃の精度はドイツ側がイギリス海軍を上回っていた。
四、ドイツ海軍の主力艦はきわめてタフであった。とくに巡戦の防御力は戦艦と大差がなかった。
同じ巡洋戦艦といっても、沈没した合計四隻は排水量から見て二種に大別される。
〈リュッツオー〉二万六二〇〇トン
〈クイーン・メリー〉二万六三〇〇トン
の二隻は二万六〇〇〇トンの大艦であるが、
〈インビンシブル〉一万七四〇〇トン
〈インデファティガブル〉一万八五〇〇トン
でかなり小さい。
したがって比較するのは〈リュッツオー〉と〈クイーン・メリー〉であろうが、前者は大損傷を受けながら延々と戦い続け、戦闘が終わってから浸水によってゆっくりと沈んでいった。
他方〈クイーン・メリー〉は、ドイツ巡戦部隊の猛砲撃により弾薬庫が爆発、ほとんど瞬時に沈没した。一二七五名の乗組員のうち、救助されたのはわずかに九名のみである。また他の二隻〈インビンシブル〉〈インデファティガブル〉も、ドイツ軍の砲弾に装甲を貫通されて短時間で沈んだ。

この大海戦の戦訓はまだまだ無限に残っている。たとえば駆逐艦隊の用法、指揮官の能力、艦隊の陣形など、細かく列挙していけばきりがない。

それだけに、その後長い期間にわたって世界的に研究が行なわれ、学者、軍事評論家、海軍軍人がその結果を発表した。しかし、そのような事柄よりも、大海戦が終わって一世紀もの時が流れると、大海獣の群れが死闘を演じたという〝海のロマン〟だけが我々の心に残るのである。

第3章　大海獣の死闘（その2）

各国の戦艦とその数

まず最初に第二次大戦中に存在し、実戦に参加した戦艦の数を調べてみよう。

日本、アメリカ、イギリスおよびソ連海軍については、非常にはっきりしているのだが、フランス、イタリアの場合には数え方によって少々異なる。

また当然ではあるが、次々と新型の戦艦が建造される一方で、いろいろな原因で失われていくものもある。それも戦闘で沈没するもの以外に、

一、あまりに旧式で、ほとんど出撃することなく、解体されたもの

二、開戦時に運悪く（運良く？）敵の港に停泊中であり、そのまま抑留されたもの

三、事故により爆発、沈没したもの

などまさに巨艦は千差万別の運命をたどる。これに加えて、敵に撃沈されながら、引き上げられ、完全に修理され、再就役した戦艦も少なくない。

また、なかにはいったん撃沈されたあと引き上げられたものの、そのまま放置、解体の浮

目にあった艦も存在するので、正確な数は大変にわかりにくいのである。

次ページの表に国別の数を示してあるが、新しい戦艦が就役する前に、古い戦艦を喪失する海軍もあるので、これだけの数がすべて同時に存在しているわけではない。

ここでは一応八二隻という数字を取り上げているが、数え方によって差が出てくることをご理解いただきたい。

二六隻という多数の戦艦を保有しているアメリカ海軍は、まだ戦争が続いている一九四四年暮れには、一部の艦を予備役にまわすほどの余裕を見せるのである。しかもその中の〈ネバダ〉などは、日本の伊勢クラスより能力的には上であった。

それでは戦艦の数の多かった国から順次、隻数を確かめていこう。

○アメリカ

アメリカの戦艦のクラス、艦名、履歴を調べる時、艦名以上にBBナンバーと呼ばれる番号が便利である。

第二次大戦に参加した戦艦のBB番号は、
BB34の〈ニューヨーク〉からはじまり
BB64の〈ウィスコンシン〉で終わる。
ただしBB47、BB49～BB54は欠番である。

113　各国の戦艦とその数

第二次大戦に参加した戦艦の数と主砲の口径（上段はインチ、下段はセンチ）

	アメリカ	イギリス	日本	ドイツ	イタリア	フランス	ソビエト	
18〜46・0			新-2					2隻
16〜40・6	新-10 旧-3	旧-2	旧-2					17
15〜38・0		旧-13		新-2	新-3	新-2		20
14〜35・6	旧-11	新-5	旧-8					24
13・5〜35・0						旧-3		3
12〜30・5	新-2*				12・6インチ 旧-4	新-2	旧-3	11
11〜28・0				新-(2+3)**				(2+3)
計	26隻	20	12	4+3	7	7	3	82隻

（注）新・旧はネイバル・ホリデイ前後によって区分する。新-2とは新型戦艦2隻をあらわす。
*：アラスカ級の2隻、**：ドイッチュラント級ポケット戦艦3隻

BBとは、戦艦のB（Battle Ship）をふたつならべただけの意味と思われる。

ニューヨーク級　二隻
　二万七〇〇〇トン　一四インチ砲　一〇門
一九一四年に二隻とも竣工

ネバダ級　二隻
二万七五〇〇トン　一四インチ砲　一〇門
一九一六年に二隻とも竣工

ペンシルベニア級　二隻
三万一四〇〇トン　一四インチ砲　一二門
一九一六年に二隻とも竣工

ニューメキシコ級　三隻
三万二〇〇〇トン　一四インチ砲　一二門
一九一七～一九年にかけて竣工

テネシー級　二隻
三万二三〇〇トン　一四インチ砲　一二門
一九二〇〜二一年にかけて竣工

コロラド級　三隻
三万二六〇〇トン　一六インチ砲　八門
一九二一〜二三年に竣工

アメリカ初の一六インチ砲戦艦であった。なおアメリカ海軍は一五インチ砲を開発していない。そして、このコロラド級までが第一次大戦型の超ド級艦であり、これ以後が新戦艦となる。

ノースカロライナ級　二隻
三万八〇〇〇トン　一六インチ砲　九門
一九四一年に二隻とも竣工

サウスダコタ級　四隻
三万八〇〇〇トン　一六インチ砲　九門
一九四二年に四隻とも竣工

アイオワ級　四隻
四万八〇〇〇トン　一六インチ砲　九門
一九四三〜四四年に相次いで竣工

このほか、ドイツのシャルンホルスト級に匹敵する大型巡洋艦アラスカ級二隻が一九四四年に竣工した。
アメリカ海軍は前述のとおり〝大型巡洋艦〟と分類しているが、重巡洋艦の二倍以上の排水量であるから、中型戦艦、あるいは巡洋戦艦に区分すべきと思われる。

したがってアメリカ海軍の戦艦は、
旧式　大規模近代化　一四隻
新戦艦　一〇隻　小計二四隻
大型巡洋艦　二隻　総計二六隻
となる。

アメリカの旧式戦艦の近代化改装工事はいずれも最大規模で実施され、そのほとんどが艦容をまったくあらためている。特に一九四一年十二月八日、真珠湾において日本軍の攻撃で

沈没した六隻のうち〈アリゾナ〉をのぞく、

〈ウエストバージニア〉

〈テネシー〉

〈カリフォルニア〉

〈ネバダ〉

〈オクラホマ〉

は、その後二、三年かけ、新戦艦に準ずる能力を有するに至っている。しかし完成後、二年を経ると次々と予備艦となってしまった。

○イギリス

クイーン・エリザベス級　五隻
二万九〇〇〇トン　一五インチ砲　八門
一九一五年に竣工

竣工当時から一五インチ砲を搭載していた強力な戦艦であり、五隻すべてが二度にわたり近代化改装工事を終えていた。

〝海軍の休日〟以前に建造された戦艦の中では、屈指の性能をもつクラスである。

リベンジ級　五隻

二万八〇〇〇トン　一五インチ砲　八門

一九一六年にすべて竣工

Q・E級の五隻とこの五隻はほぼ同型であった。しかし、近代化工事はこのリベンジ級についでは、Q・E級ほど大規模には行なわれず、開戦時には、その能力にかなり差がついてしまっていた。

ネルソン級　二隻

三万三〇〇〇トン　一六インチ砲　九門

一九二七年に二隻とも竣工

ワシントン条約の例外措置として生まれた二隻の強武装、重装甲、低速の戦艦。日本海軍の〈陸奥〉〈長門〉、アメリカ海軍のコロラド級とほぼ同じ能力を有する。

キング・ジョージ五世級　五隻

三万六七〇〇トン　一四インチ砲　一〇門

一九四〇年〜四二年の間に五隻が竣工

英海軍の主力戦艦であり、大砲の口径こそ小さかったが、極めて強力な軍艦であった。ただし二基の四連装砲塔は構造が複雑で、故障が多発したといわれる。

バンガード級　一隻
四万四五〇〇トン　一五インチ砲　八門
一九四六年竣工
イギリス海軍最後の戦艦であったが、主砲は旧式砲の再利用であった。そして第二次大戦には間に合わなかった。

レナウン級巡洋戦艦　二隻
二万七七〇〇トン　一五インチ砲　六門
一九一六年竣工
第一次大戦中に建造された軍艦であるが、数度の近代化工事を終え、きわめて強力、かつ高速の巡戦といわれた。
大戦中はヨーロッパ、アジアに一隻ずつ配備され活躍した。

フッド級巡洋戦艦　一隻
四万二七〇〇トン　一五インチ砲　八門
一九二〇年竣工
本格的なものとしては、海軍史上最後の巡戦で、寸法としては開戦時に世界最大であった。
全長は日本の〈大和〉と同じである。

主砲もレナウン級に比して二門増え、速力も一ノット速かった。

イギリス海軍の主力艦（空母をのぞく）としては、

戦艦

旧式　小規模改造　五隻

旧式　大規模〃　五隻

準旧式　大戦艦　二隻

新戦艦　五隻　小計一七隻

巡洋戦艦　三隻　総計二〇隻

となる。

このほか、巨大な大砲を二門だけ備えた特異な砲艦〝モニター〟があったが、これは第一次、第二次大戦でそれなりの活躍を見せた。

ただしこのモニターを〝戦艦〟とするにはかなり無理と思われる。その一方で、軍艦としてはきわめて特殊なものであるので、機会を見て取り上げたいと思う。

○日本

金剛級　四隻

二万七五〇〇トン　一四インチ砲　八門

一九一三～一五年に竣工

いずれも極めて古い軍艦であるが、大改装工事をたびたび行ない、巡洋戦艦に近い存在となった。日本海軍はこの四隻を〝高速戦艦〟と呼んでいた。

扶桑級　二隻

三万〇六〇〇トン　一四インチ砲　一二門

一九一五年に一隻　一七年に一隻竣工

改装工事は終了していたが、能力的には日本の戦艦中もっとも低い二隻であった。

伊勢級　二隻

三万一三〇〇トン　一四インチ砲　一二門

一九一七、一八年に各一隻竣工

のちに四門を撤去し、航空戦艦となる。

長門級　二隻

三万四〇〇〇トン　一六インチ砲　八門

一九二〇、二一年に各一隻竣工

列強の一六インチ砲戦艦と並んで、一九二〇年代に就役した二隻。重装甲の巨艦であった。

大和級　二隻
六万四〇〇〇トン　一八インチ砲　九門
一九四一、四二年に各一隻竣工
広く知られた史上最大の戦艦で、一八インチ砲を搭載したものはこの二隻だけである。三番艦は戦局の推移から航空母艦に変身している。

日本の戦艦としては、
旧式　大改装の高速戦艦　四隻
旧式　大改装の戦艦　四隻
準旧式　大戦艦　二隻
新戦艦　二隻　計一二隻
であった。

○ドイツ
シャルンホルスト級　二隻
三万四八〇〇トン　一一インチ砲　九門
一九三八、三九年に一隻ずつ竣工

中型戦艦で速力を重視（三二ノット）していることから、巡洋戦艦に分類しても良い。ただし主砲口径は一一インチと小さい。その反面防御力は強靱《きょうじん》であり、この点からは巡戦とするのは疑問とも思える。やはり中型戦艦と分類するのが最適であろう。

ビスマルク級　二隻

四万二五〇〇トン　一五インチ砲　九門

一九四〇、四一年に各一隻竣工

ドイツの造艦技術の結晶とも呼ぶべき強力な戦艦であり、日本海軍の大和級、アメリカ海軍のアイオワ級をのぞけば、世界最強の軍艦と評価できる。

ドイッチュラント級　三隻

一万二〇〇〇トン　一一インチ砲　六門

一九三三～三四年に相次いで竣工

これを戦艦に含めることには異論が出ること必定の特殊な軍艦である。大きさは重巡洋艦、ただし主砲の口径は小型戦艦なみで分類には頭を悩ます。正式な呼称は〝装甲艦〟であるが、列強海軍は〝ポケット（に入るような）戦艦〟と呼んでいた。

旧ドイッチュラント級　二隻

一万三〇〇〇トン　一一インチ砲　四門
一九〇八年に竣工
超旧式戦艦で、ほとんど戦力にならなかったが、戦争の初期と末期に陸上砲撃に活躍した。
しかし第二次大戦に参加した軍艦の中では最も古く、日露戦争時代のものであった。この二隻は近代化工事もなされていない。

結局、ドイツ海軍の戦艦は、
最新の大戦艦　二隻
中型の新戦艦　二隻
の四隻とするか、装甲艦三隻を加えて七隻とするか、はたまた旧式戦艦二隻を加えて九隻とすべきか、迷うというのが本音である。
結論としては、戦艦を四隻とし、別章で装甲艦三隻を扱い、超旧式の二隻は含まないことにする。ただしポケット戦艦三隻は、イギリス海軍の〝モニター〟同様きわめて特異な存在である。
この三隻についても項をあらためて詳しく触れてみたい。

○イタリア
コンティ・ディ・カブール級　二隻

二万三〇〇〇トン　一二インチ砲　一三門
一二インチ砲はのちに一二・六インチ（三二センチ砲）に改修
一九一四〜一五年竣工
近代化改修工事を終えており、かなり有力な戦力となっていた。

アンドレ・ドリア級　二隻
二万二七〇〇トン　一二インチ砲　一三門
一九一五〜一六年の竣工
カブール級とほぼ同じタイプである。この二クラス、四隻の近代化工事は大規模に実施され、艦姿はまったく別のものとなった。それにともない主砲は一二・六インチ砲一〇門に変更されている。また外観もそっくりとなり、この四隻をひとつのクラスと考えても良い。

ビットリオ・ベネト級　三隻
四万一〇〇〇トン　一五インチ砲　九門
一九四〇年に二隻、四二年に一隻竣工
イタリア海軍は、V・ベネト級二隻の完成を待って開戦したほどの有力な戦艦であった。前二級よりふたまわりも大きく、また主砲も一五インチ砲九門という列強の戦艦に劣らぬものであったが、艦姿はA・ドリア級、カブール級に似ている。

このようにイタリア海軍の戦艦は、

近代化改装済中型戦艦　四隻

新戦艦　三隻

の計七隻であるが、V・ベネト級の三番艦〈ローマ〉の完成が遅れたので、最大保有数は六隻となる。

○フランス

プロバンス級　三隻

二万三三〇〇トン　一三・四インチ砲（三四センチ）一〇門

一九一四〜一五年竣工

近代化改装工事はなされたものの、規模は小さく、完成時の姿を残している。能力的にも低く、新戦艦どころか英、米、日本海軍の旧式戦艦と比較しても、かなり弱体であった。

ダンケルク級　二隻

二万六五〇〇トン　一三インチ砲　八門

一九三七、三八年に一隻ずつ竣工

中型の戦艦で、巡洋戦艦と戦艦の中間に位置する。特徴としては、イギリスのネルソン級と同様に、主砲塔をすべて前甲板に配置している点である。

リシュリュー級　二隻

三万五〇〇〇トン　一五インチ砲　八門

二隻のいずれもが、完成直前にはじまった戦争のため、数奇な運命をたどることになったが、このリシュリュー級は満載排水量四万三〇〇〇トンを上まわる大戦艦である。〈ダンケルク〉をそのまま大型化したような艦姿であるが、実際に約三割方大きい。主砲はこれまた四連装砲塔二基を前甲板に置いている。

フランス海軍は、

近代化改装工事が小規模であった小型旧式戦艦　三隻

近代的な中型戦艦　二隻

完成直前の状態であった大戦艦　二隻

計七隻を持って戦争に突入した。

またプロバンス級より、もうひとまわり小さく、かつ旧式のクールベ級三隻が存在したが、戦力とはならず、また戦闘を経験していないので数に含めない。

○ソビエト

ガングート級　三隻
二万三四〇〇トン　一二インチ砲　一二門
ソビエト海軍は新型の戦艦二隻、巡洋戦艦二隻の建造にとりかかってはいたが、一九四一年六月のドイツ軍の侵攻により、いずれも完成を見ずに終わっている。
開戦時にあったガングート級三隻は、一九一四年竣工の旧式艦であり、一応の改装工事を終えていたが、その程度は他の欧米諸国の戦艦よりずっと小さく、戦力としてはあまり役に立たずに終わっている。
独・ソ戦争開戦時には、
バルト海・クロンシュタット軍港に〈ガングート〉〈マラート〉
黒海・セバストポリ軍港に〈セバストポリ〉
の配備となっていた。

第二次世界大戦の海戦

ウエストフィヨルド沖海戦（一九四〇年四月九日）

第二次大戦が開始されてから半年が経過し、ノルウェーを占領しようとするドイツ軍の「ウェーゼル演習」作戦がはじまった。

イギリスの反撃が、北方の国々を足掛かりとして行なわれると信じたヒトラーは、まったく敵意を有していない中立国ノルウェーを支配下に収めようとしたのである。

イギリス海軍必死の阻止行動も功を奏さず、一九四〇年五月にドイツ軍は、この北辺の小国を完全に占領した。しかし英、ノルウェー軍の抵抗は根強かった。

ドイツ海軍の損害は大きく、重巡一、軽巡二、駆逐艦一〇隻（全兵力の四〇パーセント）を失う。一方、イギリス軍の犠牲も少なくはなく、空母〈グローリアス〉以下多くの艦艇を撃沈されている。

このノルウェーをめぐる戦闘の最中の一九四〇年四月九日、英巡洋戦艦〈レナウン〉（ほかに駆逐艦三隻）と独巡戦〈シャルンホルスト〉〈グナイゼナウ〉（ほかに駆逐艦四隻）の交戦が短時間行なわれた。

この前日、海に落ちた水兵を捜索していた英駆逐艦〈グローワーム〉は、ドイツ重巡洋艦〈ヒッパー〉と遭遇し交戦、勇戦奮闘したが結局撃沈されている。

この重巡対駆逐艦各一隻の戦いも非常に興味深いが、まずは場面を第一次大戦時のドッガーバンク海戦と似た巡戦同士の戦闘に移そう。

〈シャルンホルスト〉〈グナイゼナウ〉、そして相対する〈レナウン〉ともに、第三国ノルウェーで戦っている地上軍の間接援護がその任務であった。

とくに〈レナウン〉は、上陸作戦を実施中のドイツ陸軍を一五インチ砲で叩こうと〈ウエストフィヨルド〉へ接近しつつあった。雪が激しく降り、荒れた海面で、独・英の巡戦はほとんど同時に敵を視認し、距離一万五〇〇〇メートル付近で砲戦が開始された。

独四、英三隻の駆逐艦の行動は消極的であったので、主役は二対一の巡洋戦艦である。

主砲は、

独　一一インチL54砲　九門　二隻　一八門
英　一五インチL42砲　六門　　　　六門

である。一門あたりの威力数（口径×砲身長）は五九四対六三〇だが、長砲身の独軍一一

レナウン、グナイゼナウ

インチ砲の方が射程は大きい。なおこの計算を拡大すると、砲の威力数の合計は一〇六九二対三七八〇で、ドイツ側が圧倒的に有利になる。

シャルンホルスト級は主砲口径こそ小さいものの防衛力は優秀であった。一方〈フッド〉〈レパルス〉〈レナウン〉などの英巡洋戦艦は、主砲こそ一五インチと強力であるが、防御力は脆弱で、その例が対〈ビスマルク〉戦における〈フッド〉で実証されている。

速力はともに巡洋戦艦の名に恥じず、三〇ノットをオーバーしている。

前年十二月の独ポケット戦艦〈アドミラル・グラーフ・シュペー〉対英巡三隻の戦いを除けば、第二次大戦における初めての巨艦同士の交戦である。

降りしきる雪の中、三隻の高速大型艦は怒濤をついて接近し、独一八門、英六門の巨砲が咆哮する。視界不良のためか、交戦開始時の距離は思いのほか短かった。

間もなく〈レナウン〉の一五インチ砲弾がたて続けに〈グナイゼナウ〉に命中した。二発は前部の砲塔を直撃し、一発は司令塔上部の射撃指揮装置（測距儀ともいわれている）を破壊した。

この直後、ドイツ軍指揮官リュッチェンスは退却命令を発し、二隻の独巡戦はますます激しくなった吹雪と波浪の中に姿を消した。

〈グナイゼナウ〉の人的損害は死者三名、負傷者一〇名（死者一三名との資料もある）であった。〈レナウン〉は一時間にわたり追跡したが敵を見失い、再び警戒任務にもどった。

こうして第二次大戦最初の戦艦同士の交戦はきわめて短時間で終了し、その結果も取るに足らないものであった。〈レナウン〉にも一一インチ砲弾二発が命中したが不発、他に一発が至近弾で損害は軽微であった。

しかし筆者は、このウエストフィヨルド沖海戦を、このあとの英・独両海軍の戦いぶりを予見させるものとして注目している。なぜならドイツ海軍水上部隊は、第二次大戦中を通じてつねに交戦に消極的であった。より極言すれば、イギリス海軍の力を恐れ抜いていたように思われる。

もちろんイギリスの海軍兵力が、ドイツ海軍の数倍という強力な存在であったことも事実である。けれども、ドイツの兵力が大西洋海域に集中しているのに対し、イギリス艦隊は大西洋、地中海、インド洋、極東に分散しているのである。

またドイツの主力艦シュペー級、シャルンホルスト級、ビスマルク級の七隻が、いずれも艦齢が新しいのに対し、イギリスの主力艦のほとんどは、一九二七年以前に建造された旧式艦であった。

個艦の能力はむしろ独側が優っている。それにもかかわらず、ドイツ海軍の指揮官は敵艦との戦闘において常に攻撃の徹底さを欠いていた感が強い。

大西洋におけるドイツ海軍の通商破壊戦が本格的に開始されたのち、同軍首脳部がそれに使用する大型艦の損傷を異常に恐れていたことは一応理解できる。しかしウエストフィヨル

砲×8門、1門の威力数630、副砲：4.5インチ砲×20門、他：7.6cm砲×8門、装甲：最高厚さ11インチ、水線ベルト6インチ、速力：29ノット、航続距離：12ノットで6300海里、出力排水量比：4.06馬力／トン、乗員：最大970名、主砲の配置：連装砲塔×2基前部、後部に各1基、同型艦名：レナウン

艦名：レパルス（巡洋戦艦）、国名：イギリス、レナウン級2番艦、同型艦数2隻、起工：1915年1月、完成：1916年11月、近代化改装完成：1936年、排水量：基準32000トン、満載35700トン、寸法：全長×全幅×吃水：242m×27.4m×7.9m、機関：缶数42基、蒸気タービン2基、軸数：4、出力：13.0万馬力、主砲：15インチ38cmL42

ド沖の海戦では、敵兵力の撃滅が目的だったはずである。

圧倒的な兵力を有する側が、緒戦でわずかな損傷を受けただけで、早々と退却するなどまったく理解に苦しむのである。このような例は、別項の「大西洋通商破壊戦」中でも、いくつか見ることができよう。

もしこの戦闘で指揮官リュッチェンスが二隻の巡戦を分離し、〈レナウン〉を挟撃したら、多分この英巡戦は生き残れなかったはずである。

その状況は、前年十二月のラプラタ河口海戦の場合とよく似たものとなり、単艦の側は〝分火〟（装備している砲を複数の敵に向けること）を余儀なくされ、攻撃力は大幅に減少した。〈レナウン〉の主砲の数はわずかに六門であり、イギリスの主力艦中、最少であった。挟撃を妨害しようとする英駆逐艦三隻に対しても、独駆逐艦は四隻なのであるから十分対抗が可能であった。

ドイツ軍の射撃の技術は、この二ヵ月後の英空母〈グローリアス〉撃沈でも証明されているので、独巡戦二隻の退却はますます理解しがたい。

この理由をひとことで表現しようとすると、伝統的にイギリスは海軍立国であり、それに対してドイツは陸軍国である、ということに帰着するのであろうか。

もうひとつ付け加えるとすると、ドイツの駆逐艦隊の戦闘時における消極性も歯がゆいばかりといって良い。

また、このウエストフィヨルド沖海戦以外にも、一九四二年十二月三十一日のバレンツ海戦、一九四三年十二月二十六日のノース岬海戦のさい、ドイツ駆逐艦はイギリスのそれよりもずっと大きく、兵装も強力であったにもかかわらず、なんの戦果も挙げていない。海戦がはじまってから終わるまで、味方の大型艦の周囲を走りまわるだけで、敵を攻撃する意志をまったく持っていないようであった。

前述の英駆逐艦〈グローワーム〉の勇敢な戦いぶりを見るにつけ、その思いを強くするのである。

カタパルト作戦・英仏戦艦の対決（一九四〇年七月三日）

ドイツ軍の電撃戦のまえに、大国フランスが降伏したのは一九四〇年六月であり、それと同時に戦艦七隻を主力とする仏海軍は大混乱に陥った。なにしろ勝利国ドイツの海軍を上まわる兵力が無傷で残ったからである。当時ドイツ海軍の主力は巡戦二隻、戦艦一隻のみであった。

このフランス艦艇の大部分は、同国の植民地であったアフリカ大陸の各地へ脱出した。その最大の戦力は、地中海沿岸アルジェリアのオラン、およびケビル港に集結した。オランは、古くからアルジェリアの中心となる港湾都市である。そしてこの港の北西一〇キロに、軍港としてよく整備されたケビル港があった。

両港のまわりには旧式の一五～二〇センチ砲多数を備えた砲台があり、停泊している軍艦を敵艦隊から守るようになっている。

同年六月末の時点で、ここに集結した兵力は、旧式戦艦〈プロバンス〉〈ブルターニュ〉、新鋭巡戦〈ダンケルク〉〈ストラスブール〉、駆逐艦（超駆逐艦を含む）一六隻、潜水艦六隻という大きなものであった。もっとも〈ストラスブール〉は、一九三八年十二月の進水にもかかわらず、艤装は完全に終了していなかった。

イギリス海軍はフランス降伏と同時に行動を起こして、四隻の戦艦、とくにダンケルク級二隻を何とか連合軍側に脱出させようと計った。うまく行けば、味方は強力な巡洋戦艦二隻を手中におさめ得るが、失敗すればドイツ海軍がこの二隻を利用することは、火を見るより明らかである。もし連合軍に加わらないのなら、撃沈するか、または自沈させるべきである、というのが英軍首脳の意見であった。さっそくこれらの計画が実行に移された。名付けて「カタパルト作戦」という。

ジブラルタルから二日の距離にあるオラン、ケビルに英地中海艦隊のH部隊が現われたのは七月二日である。

部隊の主力は世界最大の巡戦〈フッド〉、旧式戦艦〈リゾリューション〉〈バリアント〉、空母〈アークロイヤル〉、駆逐艦一一隻である。

イギリス側は連合軍側への参加を呼びかける交渉を、フランス艦隊に向けて何度か行なったが、フランス側の拒否にあい、その態度はしだいに強硬になっていく。

連合軍へ味方するかあるいは自沈するか、七月三日中に決定せよ、と申し入れを行ない、さもなくば攻撃するというわけである。ドイツに対しては降伏したが、イギリスに宣戦の布告をしていないフランスに対しては、これはあまりに強圧的な態度である。

交渉決裂間近とみたフランス艦隊は、七月三日正午頃から出港準備を急いだが、イギリス艦隊は五時に攻撃を開始した。

英戦艦部隊は〈フッド〉〈リゾリューション〉〈バリアント〉の順で、単縦陣をつくり、ケビルの沿岸砲台の射程（一五キロ）の外から一五インチ砲の猛砲撃を続けた。一部のフランス艦は、つい一ヵ月前までイギリス艦隊と共同で作戦行動をとっていたが、そのような出来事など忘れたような一斉射撃が続く。

四隻のフランス戦艦は、弾雨の中を反撃しつつ出港しようとするが、狭い港内に多くの軍艦が密集していて自由に行動ができない。とくにケビル港は、北西に長い防波堤があるので、大型艦の出港には時間がかかる。

この間、H部隊は〈アークロイヤル〉艦載機の弾着観測を有効に利用し、巨弾を次々と送り込んだ。広い港内は至近弾による高さ数十メートルの水柱が林立して、一面の霧におおわれる。

砲撃開始五分後、最初に被弾した〈ブルターニュ〉は、その後の一〇分間に三八センチ砲弾が八発以上命中、爆発炎上した。死者はじつに一〇〇〇名近くに達した。

フランス戦艦群は敵弾の降るなか反撃を開始したが、港内には煙が立ち込めて有効な射弾を送り得ない。

出港しようとした巡戦〈ダンケルク〉は停泊場所から動き出したとき、大口径弾四発を受け港内を漂流、つづいて〈アークロイヤル〉からのソードフィッシュ機の雷撃を受けて一発命中、ケビル港の大桟橋の前に沈没（ただし浅い港内のため着底）した。

〈プロバンス〉も四発の命中を受け、同じく港内を漂い続け、約二キロ流されたうえ座礁。ただ一隻脱出に成功した巡戦〈ストラスブール〉は駆逐艦五隻と共に、戦闘を交えることなく、地中海のフランス側の軍港ツーロンへ走った。

ソードフィッシュ機による阻止行動も失敗し、同艦はイギリス艦隊の弾雨を逃れた唯一の戦艦となった。

この戦闘においてイギリス艦隊の損害は皆無に近かったが、一方、停泊中に攻撃されたフランス側の損害は大きなものだった。戦艦群の損傷以外に、超駆逐艦一隻大破、死傷者の合計は約二〇〇〇名となっている。

この戦闘にはいろいろな謎も多い。

まずイギリス艦隊がすぐ近くまで接近しているのを知りながら、なぜフランス艦隊はもっと早く出港準備を整えなかったのか。

同時にフランス艦隊は、なぜはっきりとした回答をイギリス側に行なわなかったのか。

戦艦部隊が攻撃を受けている間、わずか数キロの距離のオラン港近くにいたフランスの補助艦艇（駆逐艦一〇隻）は、なぜ救援に出動しなかったのか。

バリアント、プロバンス、ストラスブール

副砲：5.1インチ砲×16門、他：37mm機関砲×8門、飛行機×4機、装甲：最高厚さ13インチ、水線ベルト9.5インチ、速力：29.5ノット、航続距離：15ノットで7500海里、出力排水量比：5.09馬力／トン、乗員：最大1380名、主砲の配置：4連装砲塔×2基、前部のみ、同型艦名：ストラスブール

艦名：ダンケルク（巡洋戦艦)、国名：フランス、ダンケルク級１番艦、同型艦数２隻、起工：1932年12月、完成：1937年５月、排水量：基準26500トン、満載36070トン、寸法：全長×全幅×吃水：214m × 31.1m × 9.6m、機関：缶数６基、蒸気タービン４基、軸数：4、出力：13.5万馬力、主砲：13インチ33cmL52砲×８門、１門の威力数676、

砲×10門、1門の威力数603、副砲：5.5インチ砲×22門、他：7.6cm砲×8門、装甲：最高厚さ11インチ、水線ベルト8.5インチ、速力：22.1ノット、航続距離：10ノットで4700海里、出力排水量比：1.97馬力／トン、乗員：最大1140名、主砲の配置：連装砲塔×2基前後部、中央部に1基、同型艦名：プロバンス、ロレーヌ

艦名：ブルターニュ（戦艦）、国名：フランス、プロバンス級２番艦、同型艦数３隻、起工：1912年7月、完成：1915年9月、近代化改装完成：1934年、排水量：基準21800トン、満載28960トン、寸法：全長×全幅×吃水：166m × 27m × 8.9m、機関：缶数6基、蒸気タービン２基、軸数：4、出力：4.3万馬力、主砲：13.4インチ34cmL45

これらの駆逐艦のすべてが大型で、兵装もきわめて強力なものであった。
結局すべての疑問についての解答は唯ひとつ、二週間前の本国の降伏後の混乱により、オランおよびケビルのフランス海軍は、何をどう処理すべきかまったくわからないまま、戦闘を迎えてしまったということであろう。さもなければ、イギリス海軍部隊の接近を知りながら、戦艦四隻を港内に停泊（それも港の北端の防波堤の内側に並べて係留）させておくなどという不手際は、考えられない。
根本的には、必要とあらばつねに戦闘の用意のあるイギリス海軍が、なるべく戦闘を避けたかったフランス海軍を潰滅させたということであろう。
それでは、オラン、ケビル港のフランス海軍が万全の準備を整えて、英H部隊を迎え撃った戦闘を想定しよう。
英空母〈アークロイヤル〉の航空兵力と、フランス側陸上基地の航空兵力を無視すれば、両軍の艦隊兵力は下記のとおりである。
フランス
新型巡戦二隻、旧式戦艦二隻、駆逐艦一六隻
イギリス
巡戦一隻、旧式戦艦二隻、軽巡二隻、駆逐艦一一隻
フランス駆逐艦のうち六隻は超駆逐艦であるので、補助艦艇の勢力はほぼ等しいとする。
主砲の数は、

フランス
一三インチL52砲（主砲威力数六七六）八門　二隻
〈ダンケルク〉〈ストラスブール〉
一三・四インチL45砲（同六〇三）一〇門　二隻
〈ブルターニュ〉〈プロバンス〉
合計　近代的一三インチ砲一六門
　旧式　一三・四インチ砲一八門
　（ただし〈ストラスブール〉は整備不良）

イギリス
一五インチL42砲（同六三〇）八門　三隻
〈フッド〉〈リゾリューション〉〈バリアント〉
　合計　一五インチ砲　二四門

となる。

しかし英戦艦三隻と比較すると、フランス側の二隻の戦艦はかなり旧式で、ともに第一次大戦中の建造とはいえ、能力的にはかなり下まわる。実際に洋上の砲戦となったら、勝敗を決するのは英巡戦一隻、戦艦二隻対仏新鋭巡戦二隻であったろう。

またフランス側に六隻、イギリス側に二隻あった潜水艦が、積極的に戦闘に参加すれば、英仏の戦艦四隻にかなりの損害を与えることが可能であった。同時に両軍が死力を尽くして戦闘を行なう条件として、フランス側は〈ストラスブール〉の整備状況が、重要な問題となったであろう。

口径としては、英戦艦の一五インチ砲に大きく劣る〈ダンケルク〉の一三インチ砲も、砲身長の大きい点がプラスになり、射程は一五インチ砲を上まわると思われる。

またフランスの軍艦は一般に速力が大きく、この高速を利して戦えば、ベテランの英戦艦三隻に対しても対等に立ち向かうことが可能だったはずである。

フランス軍指揮官ジャンヌール中将の優柔不断がマイナスとなって、フランス海軍は一方的に敗北した。しかしこのオラン、ケビルの敗北が教訓となって、三ヵ月後のダカール港をめぐる戦闘に勝利をおさめるのである。

カラブリア海戦（一九四〇年七月九日）

この海戦は、イタリアの参戦（一九四〇年六月）直後に発生した大規模な戦いであり、イギリス、イタリア両軍とも大兵力を投入した。交戦の遠因は、イタリア、イギリスともに船団攻撃、護衛戦である。

両軍の兵力は後述のとおりであるが、この海戦の結末は、地中海におけるこれ以後の戦闘の進捗を如実に表わしている。

その特徴は、

一、大型艦（とくにイタリア軍の）の参加している戦闘は、必ず竜頭蛇尾に終わっている。大型艦が少しでも損傷を受ければ（場合によってはその可能性が生ずるだけでも）イタリア軍は退却する。

二、船団を護衛している場合をのぞいて、つねにイギリス海軍が積極的に行動する。ただしその攻撃は徹底を欠くこともあった。

三、大兵力の水上艦艇同士が交戦する場合にも、沈没艦は皆無に近い。両軍の損害の大部分は、互いの潜水艦や航空機の攻撃による。

四、地中海の海戦のほとんどは、イタリア軍のアフリカ派遣軍への、またイギリス軍のマルタ島への物資補給戦に端を発している。したがって、どちら側も物資輸送が艦隊の第一任務であり、敵兵力の撃滅は第二義的なものである。

五、大部分の海戦の主役は、両軍とも巡洋艦以下の軽艦艇であった。したがって、速力と接近戦を恐れない勇気が勝敗を決める。

といったところである。

結果として地中海における水上艦艇のみによる本格的な海戦は、艦艇の損失から見た場合には、三年間の戦いのうち、イタリア側が重巡三隻と駆逐艦二隻を失った〝マタパン沖夜戦〟のみとも極言できる。

しかしこの場合にもイギリスの空母機が介入しているのである。

それでは話をカラブリア沖へもどそう。

戦闘は七月九日昼頃よりイギリス空母機の雷撃ではじまった。その後三時頃から両軍の巡洋艦同士が最大射程で砲戦を開始した。

三時五十分、英戦艦のうち先頭にいたクイーン・エリザベス級の〈ウォースパイト〉が、二五キロの距離からイタリア軍の戦艦二隻〈ジュリオ・チェザーレ〉〈コンティ・ディ・カブール〉に発砲。そして四時には口径の小さい砲を装備する伊戦艦も応射した。イギリス側の他の二隻の戦艦、R級の〈ロイヤル・ソブリン〉、クイーン・エリザベス級の〈マレーヤ〉は遅れており、砲戦に介入できなかった。両艦隊の戦力は、

イギリス海軍

戦艦〈ウォースパイト〉〈ロイヤル・ソブリン〉〈マレーヤ〉

空母〈イーグル〉

軽巡洋艦五隻

イタリア海軍

戦艦〈ジュリオ・チェザーレ〉〈コンティ・ディ・カブール〉

重巡洋艦六隻

であり、両軍ほぼ均等と見てよい。

イギリス艦隊は砲力には優れるが、低速の戦艦をそろえており、イタリア側は戦艦の砲力が貧弱な代わりに、速力大であった。また巡洋艦戦力については、まったく逆になっていて、英軍は軽巡主体、伊軍は重巡主体である。

ロイヤル・ソブリン、マレーヤ、コンティ・ディ・カブール

空母〈イーグル〉の存在がなければ、まさに第一次大戦型の艦隊決戦と言い得る。ただしどちらも新鋭戦艦を投入していない。

主力艦の砲力は、

〈ウォースパイト〉一五インチL42砲（攻撃力六三〇）八門

〈カブール〉〈チェザーレ〉一二・六インチL44砲（攻撃力五五四）一〇門×二隻　二〇門

となり、〈ウォースパイト〉としては、僚艦二隻の応援が待たれた。

またイタリアの重巡六隻も、きわめて有力な戦力と思われたが、戦闘意欲は薄く、漫然と遠距離砲戦を続けていた。しかし結果として、この決着は〈ロイヤル・ソブリン〉〈マレーヤ〉の到着前についてしまった。

戦艦同士の交戦後一〇分、〈ウォースパイト〉の一五インチ砲弾が続けざまに二発、イタリア艦隊の旗艦〈カブール〉に命中、一発は後部砲塔を使用不能にし、他の一発はボイラーに損傷を与えた。

〈カブール〉の速力は、二六ノットから一九ノットに低下し、イタリア艦隊の指揮官カンパーニュ提督は、この瞬間に戦闘打ち切りを決断してしまった。こうして戦艦同士の砲戦は、ほぼ一〇分間で終了した。

この直後〈ウォースパイト〉で火災が発生し、イタリア側はこれを砲弾の命中と記録したが、実際は主砲発射のさいの爆風と火焰が、搭載の観測機ウォーラス飛行艇を炎上させたものであった。

イタリア重巡艦隊は、旗艦の命中により煙幕を展開、戦艦群はその背後に姿を消した。

イタリアとイギリスの巡洋艦は、このあと三〇分にわたって砲戦を続行し、英軽巡〈ネプチューン〉、伊重巡〈ボルツァーノ〉が損傷を受けた。しかし両艦とも航行に支障はなく、四時四十五分に海戦は終了した。

戦意に燃える英戦艦〈ウォースパイト〉は敵を追跡し、沿岸三〇キロまで接近したが、イタリア空軍機の反撃が開始されたので反転し帰途についた。

この海戦はイタリア側では〝プンタ・スティロの海戦〟と呼んでいる。もし戦闘が長引けば、旧式とはいえ英戦艦二隻が戦場に到着するので、イタリア艦隊の不利はまぬかれない。

しかし英戦艦が三隻（他に空母〈イーグル〉）になったとしても、わずか一〇〇キロの距離に、強力なイタリア空軍が存在していたはずである。七月の地中海の日没は遅いから、イタリア軍の空中と海上からの反撃は十分に可能であった。

にもかかわらず、戦意の低いイタリア軍は、開戦一ヵ月後に、本国の目の前の海域で行なわれた最初の海戦に敗れ、その損害は艦艇に受けた以上に、兵士の士気に大きく影響したのである。

また英地中海艦隊は、対イタリア戦でも、自軍の速力の遅い旧式戦艦が十分に役立つことを知り、自信を深めた。

地中海に最新鋭のキング・ジョージ五世級の戦艦が姿を現わすのは、ずっとあとのことであり、イタリアの新式戦艦〈リットリオ〉〈ビットリオ・ベネト〉に対しても、イギリス海

副砲：4.7インチ砲×12門、他：10cm砲×8門、装甲：最高厚さ11インチ、水線ベルト8インチ、速力：28ノット、航続距離：10ノットで4800海里、出力排水量比：3.56馬力／トン、乗員：最大1240名、主砲の配置：3連装、連装砲塔×2基、前・後部とも、同型艦名：コンテ・ディ・カブール、レオナルド・ダ・ビンチ

艦名：ジュリオ・チェザーレ（戦艦）、国名：イタリア、コンテ・ディ・カブール級２番艦、同型艦数３隻、起工：1910年６月、完成：1914年５月、近代化改装完成：1937年、排水量：基準26100トン、満載31800トン、寸法：全長×全幅×吃水：186m × 28.0m × 10.4m、機関：缶数８基、蒸気タービン２基、軸数：2、出力：9.3万馬力、主砲：12.6インチ32cmL46砲×10門、１門の威力数580、

砲×20門、他：40mm機関砲×32門、飛行機×2機、装甲：最高厚さ13インチ、水線ベルト13インチ、速力：24.5ノット、航続距離：12ノットで5000海里、出力排水量比：2.74馬力／トン、乗員：最大950名、主砲の配置：連装砲塔×2基、前・後部とも、同型艦名：クイーン・エリザベス、バリアント、バーラム、マレーヤ

艦名：ウォースパイト（戦艦）、国名：イギリス、クイーン・エリザベス級２番艦、同型艦数５隻、起工：1913年３月、完成：1915年６月、近代化改装完成：1937年、排水量：基準29200トン、満載40500トン、寸法：全長×全幅×吃水：195m × 31.7m × 9.7m、機関：缶数８基、蒸気タービン４基、軸数：4、出力：8.0万馬力、主砲：15インチ38cmL42砲×８門、１門の威力数630、副砲：4.5インチ

軍は旧式戦艦と巡洋戦艦で戦いを挑むのである。

戦略、戦術的に有利な立場にありながら、積極的な攻勢に出ようとしないイタリア海軍の〝特質〟は、このあとも長く尾を引くことになる。

ダカール攻略戦（一九四〇年九月二十三、二十四日）

古い港町ダカールは、アフリカ大陸の小国セネガルにある。かつてフランスの植民地であったこの国の港で、第二次大戦初期、英仏戦艦の砲撃戦のあった事実は、艦船ファンにもあまり知られていない。

一九四〇年六月、フランスがドイツの電撃戦のまえに呆気なく崩壊すると、無傷でかつ強力なフランス海軍（基幹は戦艦七、空母一、巡洋艦一六、駆逐艦七〇、潜水艦九一隻、一部に未完成、旧式艦を含む）は混乱に陥った。

フランス本国の大部分は、ドイツ軍の占領下に置かれたが、地中海を隔てたアフリカには、本土を上まわる広大な植民地が存在し、艦隊の約半数がこれらのフランス領へ脱出した。

これらの軍艦の落ち着き先は、セネガル（ダカール港）、モロッコ（カサブランカ港）、同（タンジール港）、アルジェリア（オランおよびケビル港）である。そしてタンジール港を除く三つの港では、各港に停泊しているフランス戦艦がイギリス、またはアメリカ戦艦と砲戦を交えている。

ダカール攻略戦は、一九四〇年七月の『カタパルト作戦』に引き続いて発生したものである。この原因はイギリス海軍の政策にあった。

前述の強力なフランス艦隊が、本国の命令にそむいて独海軍の指揮下に入るようなことがあれば、ヨーロッパ水域のドイツ海軍兵力は一挙に約五倍にまで膨れ上がる。とくに七隻という仏戦艦の数は、ドイツ海軍の四隻のほぼ二倍である。

またその七隻中のダンケルク級巡洋戦艦二隻、リシュリュー級戦艦二隻は、ドイツ海軍のシャルンホルスト級巡戦二隻、ビスマルク級戦艦二隻に匹敵するほどの威力を有していた。

逆にこれらのフランス軍艦艇が連合軍側に参加すれば、戦局は一気に有利になるので、イギリス海軍は何度も種々のルートを使って打診していた。しかし、それに対するフランス側の回答は拒否（といってもドイツに加担するとも答えてはいないが）であった。

フランス側にしても情勢があまりに流動的であり、答えたくとも答えられなかったのであろう。しかし、その回答に対する英首脳部の判断は、いかにもイギリス人らしく「戦時に味方につかないというなら、彼らは敵である」というものであった。

フランス艦隊が連合軍側につかないのであれば、ドイツ軍に利用される可能性もある。それならばかまわず、後顧の憂いがないように、全部沈めてしまおう。この強引さはイギリス人以外では考えられず、またこれがイギリス海軍の〝強さ〟の根源でもあった。

もっともダカール攻略戦においては、同年七月に実施されたオラン（ケビル）のときほど、この意向は強いものではなく、できればダカールを中心とするセネガル駐留のフランス海軍、フランス陸軍と妥協し、連合軍側へ引き入れようとした。

当時ダカール港には、仏戦艦〈リシュリュー〉、巡洋艦二隻、超駆逐艦二、駆逐艦一、コルベット、スループなど七隻、潜水艦三隻が停泊していた。

これに対してイギリスは、戦艦〈バーラム〉(Q・E級)、〈リゾリューション〉(R級)を中心に駆逐艦一〇隻(のちに重巡三隻を追加)、航空母艦〈アークロイヤル〉という強力な部隊を送り込んだ。

イギリス艦隊がダカールに向かう途中、カサブランカ港の仏巡洋艦、駆逐艦部隊があわただしい動きを見せ、小競り合いが何度となく発生した。このようにして戦いの開幕が迫り、ついに一九四〇年の九月二十三日を迎える。

イギリス軍は、連合軍側に参加している自由フランス軍の士官をもって、フランス側に休戦の申し入れをたびたび行なった。しかしフランス側の拒否にあい、九月二十三日戦闘状態に入った。

それ以前の八月には、戦艦〈リシュリュー〉の引き渡しを強要し、このときは艦載機の爆弾によって損傷させているから、セネガルにおける話し合いなどは初めから無理であったと思われる。

さて二隻の戦艦、三隻の重巡は南方からダカール港に接近し、これに対して〈リシュリュー〉と巡洋艦二隻が激しく応戦した。フランス艦隊が停泊したまま戦闘に入る、という不利を承知で戦ったのには理由がある。

リゾリューション、バーラム

ダカール港の真南に強力なマニュエル砲台があり、ここにはじつに二四センチ砲九門、一五センチ砲七門が置かれていた。これらの巨砲はいずれも十分に整備され（二ヵ月前にイギリス軍の攻撃を受けているので）、恐るべき威力を発揮する。

この砲台の存在により、フランス側は不沈のシャルンホルスト級一隻プラス軽巡一隻分の攻撃力を持っていた。

フランス潜水艦三隻は出港して勇敢に戦い、一隻を失いながらも戦艦〈リゾリューション〉に魚雷一本を命中させた。損傷は中破で、修理に二ヵ月半を要した。

両軍の主役、イギリスの戦艦二隻と、フランスの戦艦一隻、および砲台の二四センチ砲の激しい砲撃戦は二日間続いた。結果はつねにフランス側の優勢であった。

この理由は〈リシュリュー〉の一五センチ砲は砲身長四五で、イギリス旧式戦艦の一五インチL42より射程が大幅に長かったこと、フランスの陸上弾着観測所の前面にゴレー島という小島があり、イギリス側が照準を定めにくかったことなどである。

また砲撃戦が快晴の白昼に行なわれ、陸上の射撃管制所が十分に能力を発揮できたのも、フランス側に有利となった。しかし〈リシュリュー〉の複雑な機構の四連装砲塔は故障続出であり、戦闘中つねに作動し続けたのは、八門中の二門だけだった、といわれている。

戦艦〈バーラム〉は一日目の午後四発の大口径弾を受けたが、小破であった。これは〈リシュリュー〉の一五インチ砲弾によるといわれているが、一九一〇年代に建造された旧式戦艦に一五インチ砲弾四発が命中すれば、小破ではすまないと考えられるので、砲台からの一五センチ砲弾だと判断される。

また二日目の午前中に、再び〈バーラム〉は敵弾を受けた。僚艦〈リゾリューション〉は前述のごとくフランス潜水艦〈べべジール〉の魚雷を受けているので、戦艦二隻が両方ともダメージを受けたことになる。そして英軍の砲撃の効果もはっきりせず、イギリス艦隊はついにダカール攻略をあきらめざるを得なかった。

このように、二ヵ月前のオラン攻撃で、停泊中のフランス戦艦部隊を撃滅したイギリス艦隊も、〈リシュリュー〉と海岸砲台の反撃により退却を余儀なくされたのである。この戦いは、大戦中敗北の記録のみを残さざるを得なかったフランス軍の貴重な勝利となった。

それでは、ダカール港内に留まって戦ったフランス戦艦〈リシュリュー〉と、英旧式戦艦二隻の洋上の戦闘を想定してみよう。

イギリス海軍の二隻の戦艦〈リゾリューション〉〈バーラム〉はともに第一次大戦型の戦艦である。ともに近代化改装は終えているが、ワシントン条約期限切れ後に誕生したフランス海軍最新の〈リシュリュー〉と比較すると、その能力は大幅に劣る。

主砲こそ同じ一五インチ砲ではあるが、その威力に差のあることはすでに述べた。防御力にも差があるが、速力、運動性のそれは一段と大きい。

〈リシュリュー〉の能力は、イギリス海軍の主力キング・ジョージ五世級さえ上まわっており、ドイツ海軍の主力ビスマルク級に匹敵するものと思われる。したがってフランス側一隻、イギリス側二隻の戦闘においても、速力の大なるを利用し五分に戦えたはずである。

砲×14門、他：7.6cm砲×4門、装甲：最高厚さ13インチ、水線ベルト13インチ、速力：23ノット、航続距離：12ノットで4200海里、出力排水量比：1.37馬力／トン、乗員：最大1050名、主砲の配置：連装砲塔×2基、前・後部とも、同型艦名：レゾリューション、リベンジ、ラミリーズ、ロイヤル・ソブリン

艦名：ロイヤル・オーク（戦艦）、国名：イギリス、リベンジ（R）級４番艦、同型艦数５隻、起工：1913年４月、完成：1916年６月、近代化改装完成：1939年、排水量：基準29200トン、満載34800トン、寸法：全長×全幅×吃水：190m×31m×8.7m、機関：缶数18基、蒸気タービン４基、軸数：4、出力：4.0万馬力、主砲：15インチ38.1cmL42砲×８門、１門の威力数630、副砲：５インチ

力数675、副砲：6インチ砲×9門、他：10cm砲×12門、飛行機×3機、装甲：最高厚さ17インチ、水線ベルト12.9インチ、速力：30ノット、航続距離：18ノットで5500海里、出力排水量比：3.90馬力／トン、乗員：最大1550名、主砲の配置：4連装砲塔×2基、前部のみ、同型艦名：ジャンバール

艦名：リシュリュー（戦艦）、国名：フランス、リシュリュー級1番艦、同型艦数2隻、起工：1935年10月、完成：1940年6月、排水量：基準38500トン、満載48260トン、寸法：全長×全幅×吃水：248m × 33.0m × 10.7m、機関：缶数6基、蒸気タービン4基、軸数：4、出力：15.0万馬力、主砲：15インチ38.1cmL45砲×8門、1門の威

あくまでも推論ではあるが、〈リシュリュー〉対〈バーラム〉〈リゾリューション〉の戦闘におけるフランス戦艦の立場は、〈ビスマルク〉対〈フッド〉〈プリンス・オブ・ウェールズ〉の戦いの独戦艦より数段有利であったといえる。

しかし、〈リシュリュー〉が仏本国を脱出したとき、完全とは言い難い状態であったこと、一ヵ月前の戦闘で損傷していること、整備施設が十分でないダカールを基地としていたことなどを考慮すると、出港して洋上で戦闘を交えるコンディションではなかったのであろう。

とすれば、強力な陸上砲台の援護下にあって、使用可能な一五インチ砲を駆使して反撃した判断が正解といえる。別項のように〈リシュリュー〉の姉妹艦〈ジャンバール〉も、一九四二年秋には同じ状態でアメリカの新戦艦〈マサチューセッツ〉と砲火を交えるのであった。いかに停泊のままとはいえ、敵戦艦と交戦するチャンスを得たこと自体、そのおりもなく沈んだ戦艦群と比較すれば、幸運といえるだろう。しかし最新鋭の巡戦二隻、戦艦二隻を揃えたフランス海軍に、もっと広範囲の活躍を期待していたのは筆者だけではあるまい。

この〈リシュリュー〉〈ジャンバール〉の二隻は、大戦後ようやく〝完全〟に完成し、一九五〇年代までフランス海軍の中核であった。

ビスマルク追撃戦・その1（一九四一年五月二十四日～二十七日）

一九四一年五月二十四日、デンマーク海峡の定着氷限界線において、第二次世界大戦唯一ともいえる戦艦同士の本格的な闘いが行なわれた。

もちろん、大戦中には他にもいくつかの戦艦対戦艦の交戦が発生している。しかし、それらは夜戦、レーダー性能の差による一方的な戦い、そして航空機の介入、補助艦艇の参加などが付随し、〝本格的な戦艦同士の戦闘〟は本項の一戦のみである。

かたやドイツ海軍の最新鋭戦艦、一五インチ砲装備〈ビスマルク〉、そして相手となったイギリス側は、完成したばかりのキング・ジョージ五世級の〈プリンス・オブ・ウェールズ〉（以下ＰｏＷと記す）とベテランの巡洋戦艦〈フッド〉である。

ドイツ側には八インチ砲巡洋艦〈プリンツ・オイゲン〉が加わっていたので、隻数としては二隻対二隻であった。

五月になっても北海の海水は冷たく、気温は低い。二十四日午前五時、天候は曇り、時々気紛れな吹雪がやってくるが、それほど視界は悪くない。このような状況で四隻の大海獣たちは砲火を交えた。

それではまず両軍の主力艦から見て行こう。

〈ビスマルク〉はドイツが有する四隻の戦艦のうちの一隻で、一九四一年の時点では間違いなく世界最強の戦艦であり、一隻で〈ビスマルク〉に対抗できる軍艦は存在しなかった。

もちろん一六インチ砲を持った日本の長門級、イギリスのネルソン級は、砲力ではビスマルク級を上まわる。しかし速力、射撃指揮システム（ＦＣＳ）などについては、二〇年ほど古く、速力の差は二三～二五ノット対三〇ノットと著しい。

また当然、この二〇年の歳月は、装備やダメージコントロールなどについても大きく進歩を促しているから、能力的にはビスマルク級こそ、大和級の登場までは世界最強の戦艦と呼び得る。

この〈ビスマルク〉に随伴する〈プリンツ・オイゲン〉も、ドイツ海軍最新鋭の重巡である。八門の八インチ砲を持ち、満載排水量は一万五〇〇〇トン近かった。

一方、イギリス海軍の二隻については、両極端の状態にあった。というのは、巡洋戦艦〈フッド〉は一九二〇年に完成のベテランであり、艦齢は二〇年を数えている。したがって艦そのものは旧式ながら、乗員は各種兵器の操作に熟達し、きわめて強力な戦力となり得る。そして古いとはいえ、八門の一五インチ砲は〈ビスマルク〉と同等の威力を有する。〈フッド〉は全長二六二メートル（これは日本の〈大和〉とはほぼ同じである）、基準排水量四万一二〇〇トンと当時世界最大であった。

他の一隻、キング・ジョージ五世級の〈プリンス・オブ・ウェールズ〉は、完成したばかりの状態であった。より正確には完成していたとはいえないかもしれない。

各機器はいちおう動くことになっているが、その調整のために民間造船所から派遣された多数の工員、技術者が乗り込んでいた。しかし同艦がその能力を十分に発揮すれば、新式の一〇門の一四インチ砲は〈ビスマルク〉にとって、大きな脅威になり得るはずであった。

さて、海戦は〈プリンツ・オイゲン〉を先頭にして疾走するドイツ艦隊に、斜め後方から〈フッド〉、〈ＰｏＷ〉の順でイギリス艦隊が襲いかかる隊形で開始された。このためドイツ

艦は、もてる大砲すべてをイギリス艦隊に指向することができたが、イギリス側の主砲は射角が制限された。本来なら、

ドイツ艦隊

〈ビスマルク〉一五インチL47×八門

〈プリンツ・オイゲン〉八インチL60×八門

イギリス艦隊

〈フッド〉一五インチL42×八門

〈PoW〉一四インチL45×一〇門

のはずが、緒戦の短時間の間は、イギリス側は前部砲のみ、すなわち、

〈フッド〉一五インチ砲×四門

〈PoW〉一四インチ砲×六門

で戦うことになった。したがって四艦が並行しての砲戦であれば、攻撃力はイギリス側が三八パーセント上まわっていた。しかし実際の戦闘においては、ドイツ側が二四パーセントだけ有利になっていたのである。

午前五時五十二分、両軍は距離二二・五キロで、ほとんど同時に発砲、轟音が海面に響いた。

ここでイギリス側はもうひとつ重大なミスをおかした。ドイツ艦隊の先頭艦を〈ビスマルク〉と判断し、〈フッド〉はこれに砲火を向けたのである。現実の問題として、ドイツ海軍

の大型艦ビスマルク、シャルンホルスト、ヒッパー級のシルエットは酷似している。

一方、〈PoW〉は最初から〈ビスマルク〉を見極め、これを目標とした。

砲戦開始直後からドイツ側は見事な射撃の腕を見せ、〈プリンツ・オイゲン〉の砲弾は〈フッド〉の甲板中央部に命中し、小火災を発生させた。これは現在では、甲板上に置かれた高射砲弾の誘爆と考えられている。

この間、両艦隊の距離は急速に縮まり、ここでイギリス艦は左へ回頭し、敵艦と並行する針路をとろうとした。もちろんできるだけ早く後部砲塔が射撃できるようにするためである。

しかしその回頭の最中、ドイツの一五インチ砲弾が〈フッド〉に命中した。この直後の状況は目撃者によって多種多様の報告がなされている。

〈フッド〉の中央部から巨大な火焔が立ちのぼり、爆発音が水平線の彼方まで轟いたというもの、また同艦が黄色い煙に覆われただけで、音などまったく聞こえなかったというもの、そして〈フッド〉は水煙の中に突入し、その後一瞬にして姿を消したというものなどである。

しかし事実は次のとおりである。

三〇ノットを超す全速力で疾走する全長二六二メートル、四万一二〇〇トンの巨艦が、一四一八名の乗員を乗せたまま、一瞬にして船体中央部から真っ二つにたたき折られたのである。

ドイツ海軍のエース〈ビスマルク〉の一五インチ砲は、一五キロの距離から、神以外の何者にも成し得ないほど強大な打撃を世界最大の軍艦に与えた。

太平洋戦争中、日本の新聞、ラジオは〝轟沈〟という、今は死語になりつつある単語を気易く使用した。しかし第二次大戦における大型艦の〝轟沈〟は、この〈フッド〉の場合と、地中海でドイツ潜水艦U‐331に沈められた〈バーラム〉の場合だけというのが正しい。

爆発がおさまったのち、独二隻、英一隻の大型艦の乗組員の見たものは、まったく独立して沈んで行く〈フッド〉の艦首と艦尾だけであった。同艦の一四一八名の乗員のうち、救助された者はわずか三名、〇・二パーセントの生存率である。

イギリスの巡洋戦艦はたしかに攻撃力、機動力は優秀であったが、防御力は強靱とはいえなかった。

一九一六年五月のジュットランド沖海戦における英巡戦三隻〈クイーン・メリー〉〈インデファティガブル〉〈インビンシブル〉の沈没も、この事実を証明している。

〈フッド〉についての評価は、のちに再述するとして、戦闘場面の記述にもどろう。

持てる能力すべてを発揮して襲いかかるドイツ海軍の二隻に対して、いかに新しいとはいえ〈PoW〉も無傷ではすまなかった。

〈フッド〉沈没後の十数分、〈ビスマルク〉はほぼ連続して三弾を〈PoW〉に命中させた。とくにその中の一弾は司令塔上部を貫通したところで爆発、艦長と他の一名を除くブリッジ配置員のほとんどを殺傷した。

こうなっては、イギリス最新の戦艦も、踏みとどまって戦うわけにはいかなかった。〈P

oW〉艦長は、非敵側への回頭を命じ、脱出をはかった。
とはいえ〈PoW〉も漫然と損害を受けていたのではなく、その一四インチ砲は戦闘中何回か故障を起こしながらも、三弾を〈ビスマルク〉に命中させた。

その一弾は至近弾で、弾片により対空砲にかなりの損傷を与えている。一方、残りの二弾は舷側装甲を貫通し、燃料タンクに穴をあけた。〈ビスマルク〉はそのあと、わずかではあるが、油の尾をひきながら走ることになった。

これに対してただ一隻の重巡〈プリンツ・オイゲン〉は、まったく無傷であった。

ここでドイツ海軍にとって痛恨の極みとなったのは〈ビスマルク〉が、傷つき、逃走をはかる〈PoW〉を追いつめて、さらに打撃を与え、撃沈しえなかった点である。

筆者はこのことが、今次大戦における最も〝惜しかった!〟と表現すべき事実だと現在も考え続けている。

重巡一隻を従えた新鋭戦艦が、白昼堂々と波高き大西洋上で敵側の二隻の主力艦と雌雄を決する戦いを行ない、それが全世界を巻き込んだ第二次大戦中の六年間に生じた唯一の〝戦艦対戦艦〟の死闘なのである。完全な決着を〈ビスマルク〉に期待したとしても、無理はあるまい。

これについては後述するが、この三日後の〈ビスマルク〉の悲惨な最後は、もはや堂々とした戦いではなく、車椅子に座るボクサーを大勢で袋だたきにするような戦闘であった。
〈ビスマルク〉と〈プリンツ・オイゲン〉対〈フッド〉と〈PoW〉の死闘こそ、大戦中のドイツ海軍が〝完璧な勝利〟を手中に収める最大のチャンスであった。

第一次の海戦後に①〈ビスマルク〉が、なぜ〈ＰｏＷ〉をあくまで追いつめなかったか、②多少とも損傷を受け、燃料の流出が止まっていない〈ビスマルク〉が、なぜ即刻帰港しなかったのか、③重巡〈プリンツ・オイゲン〉が、なぜ〈ビスマルク〉と分離帰港してしまったのか、などという疑問については触れないこととする。

理由はただひとつ、正確な事実は歴史の中に埋没し、永遠に発掘することができないからである。

この戦闘は戦艦対戦艦の決闘として、軍艦という物が地球上から消滅しない限り、忘れられることはないであろう。事実、分析も各国で行なわれているが、とくに〈フッド〉はその中心となった。

〈フッド〉の脆弱性、〈ＰｏＷ〉の〝完成度〟の不足、ドイツ側の射撃技術の優秀さなど、分析の材料にはこと欠かない。しかしそれらをまとめて、海と海軍をもっとも良く知っている一人のイギリス人の言葉で締めくくろうと思う。

それは第一次大戦後、英海相（海軍大臣）となったＷ・チャーチルの主唱である「足（速力）が速く、本格的な〝殴り合い〟に耐え得る艦のみを〝戦艦〟と呼ぶべきである」という定義である。

〈フッド〉は足こそ速かったものの、巨砲による血みどろな〝殴り合い〟ができる戦艦ではなかった。敵の強烈なパンチを浴びながら、それでも倒れずに反撃できるボクサーのような戦艦でないと、すでに生き残れぬ時代がやって来つつあったのである。

しかしこの事実は、戦闘に勝ったドイツにも完全には理解されず、二年半後には独巡戦〈シャルンホルスト〉が、英戦艦〈デューク・オブ・ヨーク〉に沈められることになる。

ドイツ占領中のフランス・ブレスト港へ帰還せず、新たな敵を求めて大西洋を行く〈ビスマルク〉と、大海軍国イギリスの名誉にかけてこの巨獣を仕留めようとする英本国艦隊との知勇を振り絞った最後の戦いは、次章に譲ろう。

大戦艦〈ビスマルク〉は、巨艦〈フッド〉を葬り、新鋭〈PoW〉を深く傷つけたあと、戦場を覆いはじめた海霧の中に急ぐともなく姿を消して行くのである。

このときの〈ビスマルク〉には、まさに海の王者たる貫禄が備わっていた。しかし前述のように、燃料タンクから少しずつ洩れ出る重油の帯が、この王者の運命を変えるのであった。

ビスマルク追撃戦・その2

英本国艦隊のほとんどすべての艦艇の追跡を振り切って、フランスのブレスト港へ向かおうとする〈ビスマルク〉が再度発見されたのは、五月二十六日の午前であった。

その位置からブレストまで一二〇〇キロ。追撃するイギリス海軍の主力は、〈ビスマルク〉の北方二五〇キロにあり、ドイツ戦艦は悠々と逃げ切るかに見えた。しかしこの瞬間、勝利の女神はイギリス側へ乗り移ったのである。

空母〈アークロイヤル〉から発進したソードフィッシュ雷撃機の第二次攻撃隊は、〈ビスマルク〉を雷撃し、その魚雷の一本が巨艦の操舵装置を完全に破壊したのである。排水量四万トンを超える船体は、推進システムは正常なものの、航行の自由を失ってしまった。舵が左舷側へ一五度切れたまま、どうしても動かなくなったのが原因である。

信じられないほどの幸運に驚喜したイギリス艦隊は、足を失った巨獣に殺到した。

それまでにもイギリス軍は、巡戦〈フッド〉を轟沈させ、戦艦〈プリンス・オブ・ウェールズ〉をも損傷させたリバイアサン（大海獣）を捕らえようと、なりふりかまわず兵力をこの海域に集中させはじめていた。

この措置は少々常軌を逸していて、たとえ来援しても、あまりに旧式で、ほとんど役に立たないことがはっきりしている戦艦〈ラミリーズ〉と〈リベンジ〉をも、九〇〇キロも離れた場所から呼び寄せたほどである。

もはや海面に空しく円を描くだけの〈ビスマルク〉に対する、攻撃の第一波は四隻の駆逐艦で、二十七日未明に夜襲をかけてきた。これらの駆逐艦の魚雷攻撃も、また〈ビスマルク〉のそれに対する一五インチ、六インチ砲による反撃も互いに効果はなかった。しかし、ソードフィッシュ機の攻撃に続く駆逐艦の襲撃は、〈ビスマルク〉の乗員の士気と体力を消耗させた。

夜明けとともに戦場に到着した英戦艦は、当時すでに旧式化しつつあるものの一六インチ砲を装備した〈ロドネー〉、そしてイギリス海軍のエース〈キング・ジョージ五世〉であった。

午前九時、二〇キロの距離において、

一五インチ砲八門の〈ビスマルク〉四万一七〇〇トン

一六インチ砲九門の〈ロドネー〉三万四〇〇〇トン

一四インチ砲一〇門の〈K・G・5〉三万八〇〇〇トン

の砲戦が開始された。

もしこの状況で〈ビスマルク〉が正常なコンディションであれば、高速で機動し、最高速力二三ノットの〈ロドネー〉を戦闘圏外に置くことが可能であったろう。そうなればイギリス海軍最強の〈K・G・5〉であっても、〈ビスマルク〉にとってそれほど大きな脅威とはなり得ない。

それはすでに〈PoW〉との三日前の戦闘で実証されている。しかし現実の〈ビスマルク〉は最悪の状態であった。

第一の海戦において〈PoW〉の一四インチ砲弾三発を受けており、また二本の航空魚雷が命中している。舵は動かず、乗員の疲労は激しかった。それでも〈ビスマルク〉の射撃は正確で、〈ロドネー〉と〈K・G・5〉に対する最初の二〜三斉射は至近弾と記録されている。

しかしその後、砲撃の精度はしだいに不正確になっていき、結局主砲は沈黙してしまった。

ラミリーズ、リベンジ、ロドネー

英戦艦二隻は一万メートル以内にまで接近し、一六インチと一四インチ砲弾を撃ち込んだ。海上の廃墟と化した〈ビスマルク〉は、それらの巨弾の命中にもなお沈まず、巡洋艦、駆逐艦の再度の魚雷攻撃によって、午前十時三十分、ついにその巨体を大西洋に沈めたのである。

イギリス軍は航空魚雷二四本を発射して二本命中、艦載の魚雷七一本を発射して命中は確実二本と不確実二本、そして大口径（一四インチ、一六インチ）砲弾多数を撃ち込み、やっと大海獣を仕留めることができた。

この資料をみると、ビスマルク級の防御力は日本海軍の大和級、アメリカ海軍のアイオワ級と同等と思われる。単艦同士の決闘となったら、イギリス海軍のどの戦艦でも〈ビスマルク〉を打ち負かせなかったに違いない。

しかし別の観点からすれば、ただ一隻のドイツ戦艦を沈めるために、大西洋全域の艦艇を、他のすべての任務を放棄させてまで集結させたイギリス海軍の執念が、第一の海戦終了後わずか三日間のうちに目的を達したのであった。この執念こそ、イギリス海軍の強さの秘密であるのかも知れない。

さてこの第二の海戦を見るとき、〈ビスマルク〉の背負うハンディキャップが大きすぎて、〈ロドネー〉〈K・G・5〉との比較は困難である。

この海戦では、英戦艦中もっとも強力な攻撃力をもつネルソン級は、戦争後半ほかの旧式戦艦とともにほとんど港内から動かず、一時は滞英中の米軍士官の宿泊艦に使用されたほどである。

ところで瀕死の〈ビスマルク〉を救い出す手段はなかったであろうか。舵の修理が不可能であるとすれば、いかなる方法もその結果は無駄に終わったと考えられる。

たとえ重巡〈プリンツ・オイゲン〉が〈ビスマルク〉に付き添ったとしても、また独空軍機の航続距離が日本海軍機なみであり、停止している〈ビスマルク〉の上空掩護が可能であったとしても、この巨艦は結局沈められたであろう。

その理由は、大型船（艦）の場合、舵が動けば、機関が止まっていても曳航できる。しかし舵が利かない場合、船乗りのいうところの「舵のない船は曳けぬ」である。

また前述のとおり、停止した〈ビスマルク〉にイギリス海軍が集中させた兵力は、戦艦四、巡戦二、空母二、巡洋艦四、駆逐艦一二隻という莫大なものであった。

これに対してドイツ海軍が送った救援兵力は、一〇隻に満たないUボートのみである。

結局、ドイツ海軍は「対英全面戦争」の通知を受けた時の海軍総司令官レーダーの言葉『ドイツ海軍軍人は勇敢に戦って死ぬ、ということを敵に知らしめる以外に、イギリスに対して打つべきどのような手段も持たない』を実践したに過ぎなかったのである。

三隻のポケット戦艦を除けば、独四隻、英二〇隻の戦艦保有数の差はドイツ海軍にとってあまりに重かったといえよう。

別な見方をすれば、〈ビスマルク〉はあまりに不運な戦艦であった。ソードフィッシュ機の魚雷は威力が小さく、彼女の舷側に命中しても、大きな損傷を与えることはできない。

それが何百分の一という小さな確率でしか命中するはずのない、舵を破壊したのであった。

副砲：6インチ砲×12門、他：10.5cm砲×16門、飛行機×6機、装甲：最高厚さ14.2インチ、水線ベルト12.6インチ、速力：29ノット、航続距離：16ノットで9300海里、出力排水量比：3.31馬力／トン、乗員：最大2090名、主砲の配置：連装砲塔×2基、前・後部とも、同型艦名：ティルピッツ

艦名：ビスマルク（戦艦）、国名：ドイツ、ビスマルク級1番艦、同型艦数2隻、起工：1936年7月、完成：1940年8月、排水量：基準41700トン、満載51500トン、寸法：全長×全幅×吃水：248m × 36.0m × 10.2m、機関：缶数12基、蒸気タービン3基、軸数：3、出力：13.8万馬力、主砲：15インチ38.0cmL47砲×8門、1門の威力数705、

砲×８門、１門の威力数630、副砲：5.5インチ砲×12門、他：10.2cm砲×４門、飛行機×３機、装甲：最高厚さ12インチ、水線ベルト5.1インチ、速力：32.1ノット、航続距離：18ノットで5200海里、出力排水量比：3.67馬力／トン、乗員：最大1170名、主砲の配置：連装砲塔×２基、前・後部とも、同型艦名：なし

艦名：フッド（巡洋戦艦）、国名：イギリス、フッド級1番艦、同型艦数1隻、起工：1916年9月、完成：1920年3月、近代化改装完成：1931年、排水量：基準41200トン、満載45300トン、寸法：全長×全幅×吃水：262m×34.5m×9.6m、機関：缶数24基、蒸気タービン4基、軸数：4、出力：15.1万馬力、主砲：15インチ38.1cmL42

インチ砲×12門、他：12cm砲×6門、装甲：最高厚さ16インチ、水線ベルト14インチ、速力：23ノット、航続距離：12ノットで5000海里、出力排水量比：1.32馬力／トン、乗員：最大1360名、主砲の配置：3連装砲塔×3基、前部のみ、同型艦名：ロドネー

艦名：ネルソン（戦艦）、国名：イギリス、ネルソン級1番艦、同型艦数2隻、起工：1922年12月、完成：1927年9月、排水量：基準34000トン、満載38700トン、寸法：全長×全幅×吃水：216m × 32.3m × 9.1m、機関：缶数8基、蒸気タービン2基、軸数：2、出力：4.5万馬力、主砲：16インチ40cmL45砲×9門、1門の威力数720、副砲：6

やはり船も詩人が人間にたとえるように〝運〟に左右されるのであろうか。

トーチ作戦・米仏戦艦の対決（一九四二年十一月八日）

二〇ヵ月近く激戦の続く北アフリカの戦闘に決着をつけるべく、イギリス陸軍はエル・アラメインで大反撃に出た。一九四二年十月のことである。

ドイツ軍の三倍以上の兵力を投入し、予備軍をほとんど持たない敵を、完全に撃破してしまおうという大きなスケールの攻勢であった。

ドイツ軍は対戦車部隊を有効に使用し、イギリス軍に多大な損害を与えるが、結局戦線を支えきれずリビアからチュニジアへと後退していった。イギリスは、この戦闘を第二次大戦の転回点《ターニングポイント》として高く評価している。

しかしこの戦いが引き分けに終わったとしても、ドイツ軍の全面的敗北は決定していた。なぜなら、強大なアメリカ軍を北アフリカに投入する「トーチ作戦」が、エル・アラメインの戦いの数日後に実施されたからである。このとき、大戦中ただ一回のアメリカとフランスの戦艦同士の戦闘が勃発した。

「トーチ作戦」は米軍のD・アイゼンハワー将軍を総指揮官とするもので、アメリカ軍八万五〇〇〇、イギリス軍二万五〇〇〇をアフリカ大陸の三地点に同時に上陸させるという大規模なものであった。

上陸地はいずれもフランス軍が駐留するカサブランカ、オラン、アルジェである。このとき、フランスの海外駐留軍は、枢軸、連合軍のどちらの側にも加担しない中立の立場にあった。

上陸は十一月八日に行なわれ、フランス軍と戦闘は行なわれたものの、十一月十一日には目的の地域をすべて攻略し、和平も成立した。しかしフランス軍艦艇との戦闘は小規模ながら激しく、上陸部隊と合わせてアメリカ軍七七〇名、イギリス軍二四〇名、フランス軍二四〇〇名の戦死者を出したのである。

このトーチ作戦中に、近代史上唯一のフランス戦艦とアメリカ戦艦の砲戦が行なわれ、両艦とも損傷している。戦闘はアメリカ第三十四機動部隊（TF34）が、カサブランカ港（アフリカの大西洋岸）へ接近したとき開始された。

カサブランカ港には、仏戦艦〈ジャンバール〉を中心に、巡洋艦〈プリモゲ〉、駆逐艦七隻、潜水艦八隻という有力な兵力が存在し、来攻したアメリカ艦隊に反撃した。第三十四機動部隊の戦艦はサウスダコタ級の〈マサチューセッツ・BB59〉であり、実戦参加は初めてであった。

この一九四二年の十一月という時期、ガダルカナル島をめぐる日米の激闘が続いており、新しい一六インチ砲戦艦〈マサチューセッツ〉を早急に太平洋に回航せよ、との命令が発せられていた。しかしカサブランカの戦いにおいて、〈マサチューセッツ〉は十分にその威力を発揮し、海戦の主役をつとめるのである。

一方、フランス側の主力艦〈ジャンバール〉は未完成のまま本国を脱出し、長い間カサブランカ港内に身を潜めていた。同港の艦船修理施設は一応整ってはいたが、大戦艦の修理を引き受ける能力はなかった。

そのため、前甲板に配置された四連装砲塔二基のうち一基しか使用できず、また機関は可動状態であったが、航走することはできなかった。この理由は、本国がドイツ軍に占領されている、という中途半端な状態が反映していたといえる。

北アフリカにおけるフランス総督ダルランも、ドイツ軍に加担するように見せかけながら、英、米とも連絡をとっていた事実からも、フランス海軍の動揺は明らかである。

したがってフランス海軍の大戦艦〈ジャンバール〉は、港内につながれたままで、敵の大艦隊と相対することになり、これは一九四〇年七月のカタパルト作戦、九月のダカール攻略戦の場合と同様である。

姉妹艦の〈リシュリュー〉は英戦艦と、そして〈ジャンバール〉は米戦艦と、ともに岸壁につながれたまま砲火を交える運命にあった。

フランス海軍の戦艦が敵（英、米軍）と戦った三回の海戦とも相手は空母を有し、またその戦艦は自由に動くことができた。一方、フランス側に有利な点は、いずれの場合も沿岸砲台の長距離砲の援護下にあったという事実であろうか。

さてカサブランカ港の沖合三〇キロまで迫ったアメリカ艦隊は、弾着観測機を射出し、砲撃を開始した。これに対してフランス側は〈ジャンバール〉を除く全艦艇が出港し、戦闘が

ジャンバール、マサチューセッツ

はじまった。

軽艦艇同士の戦闘は終日続き、フランス側は駆逐艦一隻を除いて全部が大破または座礁した。アメリカ側もまた無傷ではすまず、重巡〈ウイチタ〉、他軽巡一、駆逐艦三隻が損傷している。しかし沈没艦は皆無で、死者はフランス軍の五〇〇名に対して七〇名と少なく、この海戦はアメリカ軍の勝利に終わった。

この間、〈ジャンバール〉と〈マサチューセッツ〉は激しい砲撃戦を続けていた。

〈ジャンバール〉一五インチL50（威力数七五〇）八門（ただし使用可能な砲は四門のみ）

〈マサチューセッツ〉一六インチL45（威力数七二〇）九門

であるから、二隻の戦艦はほぼ互格の能力を有する。排水量は三万八五〇〇トン対三万五〇〇〇トン、装甲厚は三四・五センチ対三一センチ、とくに差のある点は速力で、三二ノット対二七・五ノットである。

したがって、もし〈ジャンバール〉が完全に整備された状態で洋上へ出撃し、対等に戦えば、〈マサチューセッツ〉に対して互格以上の戦闘ができたはずである。前述のとおり、〈ジャンバール〉は主砲を四門しか使用できず、また岸壁に横付けのまま戦うという不利な態勢にあった。

しかし同艦は、〈マサチューセッツ〉の射撃が、友軍のコルベットによって張られた煙幕により不正確なことに着目し、猛反撃を行なった。仏戦艦の射撃は陸上の観測所に誘導されていたので、〈マサチューセッツ〉はたびたび至近弾を受けた。

このため米戦艦は一時、フランス側の三八センチ（一五インチ）砲の射程外へ逃れて安全をはかった。午後に入り、弾着観測を水上機から空母機に変え、〈マサチューセッツ〉は再びカサブランカに接近、待ち構える〈ジャンバール〉を攻撃する。

この間、仏戦艦は八発（命中三発、至近弾五発）、米戦艦は三発の命中を受けた。一五インチと一六インチという大口径砲弾を受けたにもかかわらず、両艦とも沈没には至らず、〈ジャンバール〉は中破、〈マサチューセッツ〉は小破であった。

この間、空母から発進したアメリカ海軍の急降下爆撃機が、四五〇キロ爆弾を〈ジャンバール〉の前甲板に命中させ、これが仏戦艦の反撃に終止符を打った。

その日一日中、小競り合いは続いたが、フランス側は間もなくアメリカ軍の停戦勧告を受け入れ、戦闘は中止となった。損傷を受けた〈ジャンバール〉はそのままの状態で放置され、終戦後フランス本国で工事を再開し完成した。

この一九四二年十一月の戦いは、フランス艦隊にとって大きな転機をもたらした。ヒトラーはこの結果から、全フランス海軍の接収を決定し、ただちに行動を開始する。

フランス海軍の主力（戦艦三、巡洋艦七、駆逐艦二六隻、計二二万五〇〇〇トン）は、十一月二十七日、フランス本国のツーロン軍港で自沈を決行するのであった。これはのちに〝ツーロンの悲劇〟として広く知られた。

また海外の植民地にあった二大戦力（エジプトのアレキサンドリア港の戦艦一、巡洋艦三、

18門、飛行機×３機、装甲：最高厚さ18インチ、水線ベルト12.2インチ、速力：28ノット、航続距離：16ノットで16000海里、出力排水量比：3.34馬力／トン、乗員：最大2330名、主砲の配置：３連装砲塔×２基前部、後部に１基、同型艦名：サウスダコタ（BB-57）、インディアナ（BB-58）、マサチューセッツ（BB-59）

艦名：アラバマ（BB-60）（戦艦）、国名：アメリカ、サウスダコタ級4番艦、同型艦数4隻、起工：1940年2月、完成：1942年8月、排水量：基準38900トン、満載44600トン、寸法：全長×全幅×吃水：208m × 32.9m × 11.0m、機関：缶数8基、蒸気タービン4基、軸数：4、出力：13.0万馬力、主砲：16インチ40.6cmL45砲×9門、1門の威力数720、副砲：5インチ砲× 20門、他：40mm機関砲×

駆逐艦四隻、およびアフリカのダカール港の戦艦一、巡洋艦三隻）は、連合軍の勝利を確信し米、英軍へ参加することになった。

一九四二年の初頭、世界第四位の兵力を有したフランス海軍艦艇の五〇パーセントは沈没、あるいは自沈し、一五パーセントは損傷で役に立たず、残りの三五パーセントが連合軍へ加担、という状態となる。

連合軍側へ走った軍艦は、いずれもアメリカの港で修理、改修を受けることになり、米国民は次々と入港してくるフランス艦艇を歓迎したが、同艦隊乗組員の表情はまさに〝複雑〟という一言であった。

あるフランス海軍軍人は、イギリスと組んでドイツと戦い、その後イタリアとも戦い、加えてイギリスと戦い、またアメリカと戦って、その後アメリカと組むという希有《けう》な体験を、わずか三年あまりの間にしたのである。まさに歴史の皮肉としか言いようのない状況で、フランス軍人ならずとも、どう対処したら良いのか、混乱したと思われる。

〈ジャンバール〉〈リシュリュー〉に代表されるフランスの新型戦艦は、結局強力な海上の砲台としての役割しか果たしていない。そして祖国の解放を手助けしている相手と戦わねばならなかった。まさに悲劇としか言いようがないのである。

この点を別にすれば、カサブランカ港の戦闘は両軍の戦力が拮抗しており、非常に興味深いものであった。共に戦艦一隻、巡洋艦一隻、駆逐艦数隻といった戦力であったから、もし〈ジャンバール〉の整備が完全で、かつ兵員の訓練も終わっていれば、互格の戦いになったに違いない。

なお〈ジャンバール〉が完全に完成（?）し、フランス海軍に就役したのは、戦争が終わってから四年が過ぎた一九四九年の秋である。

イギリス最後の戦艦〈バンガード〉の完成は一九四六年の春であるから、実質的に〈ジャンバール〉は史上最後に完成した戦艦ということになる。そして一九五五年には予備艦となり、早くも六一年には解役され、姿を消すのであった。

第三次ソロモン海戦（一九四二年十一月十二日～十五日）

一九四二年八月に開始されたソロモン諸島のガダルカナル島をめぐる戦闘はすでに三ヵ月続き、いよいよ最高潮に達しようとしていた。

八月九日の第一次ソロモン海戦に日本側は大勝したものの、その後の戦局は一進一退をつづけ、巡洋艦、駆逐艦の消耗は両軍にとって信じられぬ程の数字となって表われていた。

十月末に行なわれた南太平洋海戦では、日本軍機動部隊は米空母〈ホーネット〉を撃沈し、戦術的な勝利を勝ちとった。それにもかかわらず、アメリカ軍はガダルカナル島の保持に全力を注ぎ、一歩も引かぬ決意を示した。

太平洋戦争がはじまってほぼ一年、アメリカ軍の反攻の足掛かりは、この四国ほどの大きさのガ島にしか存在しなかったからである。日米両軍はこの島に合わせて一〇万名の兵力を投入し、約半年間にわたって激闘を続けることになる。

第三次ソロモン海戦と一般に呼ばれている戦闘は、十一月十二日から十五日にかけて行なわれた三回の独立した海戦の総称である。参加艦艇も非常に多く、また戦闘の経過も複雑なので、まずそれをまとめておこう。

日本海軍は第一日目に戦艦〈比叡〉を失った。アメリカの巡洋艦、駆逐艦との接近戦で損傷し、翌日航空機の攻撃を受けて自沈を余儀なくされたのであった。開戦一一ヵ月目にして、初の戦艦の損失である。しかし敵に与えた損害も、軽巡二、駆逐艦四隻撃沈と決して少ないものではなかった。

この〈比叡〉の沈没の原因は、複雑な要素がからみ合い、アメリカ軍の攻撃によるものだけではなかった。艦内の情報伝達のミス、またダメージ・コントロールの失敗などもその一因である。

一日おいて十一月十四日、戦艦〈霧島〉を主力とする日本艦隊は重巡二、軽巡二、駆逐艦九隻と共に、再びガダルカナル島へ西方より接近し、アメリカ軍のヘンダーソン飛行場砲撃を計画していた。

日本軍の来襲を予測した太平洋艦隊司令官ハルゼー提督は、急遽、新鋭戦艦二隻を迎撃に向かわせた。この二隻は一六インチL45砲を有する新型の戦艦である。この頃、ようやく就役しはじめたアイオワ級にはおよばないものの、日本海軍の長門級をはるかにしのぐ性能をもっていた。

旗艦を〈ワシントン〉とし、砲術の権威リー少将が座乗する。しかしこの二隻の戦艦を護衛する小型艦艇は、わずか駆逐艦四隻だけであり、これがこの時期のアメリカ海軍の実力であった(ガダルカナル島をめぐる戦闘では、奇しくも日米両海軍とも二四隻約一三万トンの軍艦を失った)。

このガダルカナルへの新式戦艦二隻の派遣は、ハルゼーの最良の決断であった。他のいかなる手段も、強力な日本艦隊を阻止できなかったと思われるからである。

夜間、島が多く狭い海域、弱体の護衛兵力という悪条件下に、虎の子の戦艦二隻を出動させることなど、他のいかなる指揮官でも躊躇したであろう。多少誤解を招く表現かも知れぬが、日・米・英海軍以外では、決して考えられぬ勇気のいる決断である。そしてその勇気は十分な報酬をもたらした。

十五日から十六日に日付が変わろうとする時間に、日米艦隊は唐突に戦闘を開始した。アメリカ艦隊の前衛を務めている四隻の駆逐艦は、その直後に日本側の集中攻撃を受け、三隻が沈没した。しかしこの時点で、夜戦に馴れているはずの日本軍も敵兵力を誤認した。重巡一、駆逐艦四隻、戦艦二隻のうち一隻しか発見できず、それも重巡と判断したのである。重巡一、駆逐艦四隻なら重巡二、軽巡二、駆逐艦九隻の敵ではない。

しかし実際の正確な両軍の兵力を整理してみると、次のようになり、ほぼ互格といえる。

日本艦隊

戦艦〈霧島〉
重巡〈愛宕〉〈高雄〉
軽巡二隻、駆逐艦九隻
アメリカ艦隊
戦艦〈サウスダコタ〉〈ワシントン〉
駆逐艦四隻

日本の重巡洋艦を含めた両軍の砲撃力は、

日本　一四インチ砲　八門
　　　八インチ砲　一〇門×二隻、二〇門
アメリカ　一六インチ砲九門×二隻、一八門

である。

白昼の戦いとなったら、アメリカ軍が圧倒的だが、夜間の海戦であれば、重巡の八インチ砲、駆逐艦九隻の魚雷は敵艦に大打撃を与えることができる。このような兵力のまま、両艦隊は一晩中砲火を交えた。

さて前述のごとく日本艦隊は〝重巡洋艦〟に攻撃を集中したが、この重巡の正体は戦艦〈サウスダコタ〉であった。彼女は、二日前の〈比叡〉のように中・小口径砲の一斉射撃を浴び、また数発の重砲弾（〈霧島〉からの一四インチ砲弾）の命中を受けた。

比叡、霧島、サウスダコタ

司令塔をはじめ数ヵ所から火災が発生、命中弾二七発、死傷者の合計は一〇〇名近くにのぼった。しかし痛打を浴びる〈サウスダコタ〉は、偶然とはいいながら〝オトリ〟の役割を果たしていた。

リー少将座乗の〈ワシントン〉は日本艦隊に発見されずに、敵の大型艦〈霧島〉に一六インチ砲を撃ち込むことができた。命中弾は十数発（一説には一四発）に及んだ。

〈霧島〉は日本海軍では高速戦艦と呼称されていたが、欧米流にいえば巡洋戦艦である。高速、高機動性の代償として、装甲は薄い。

本格的な〝殴り合い〟となったら、一六インチ砲を有する〈ワシントン〉には太刀打ちできない。装甲ベルト厚は〈霧島〉の二〇〇ミリ対〈ワシントン〉の三一〇ミリ、防御力の差はこの数値以上に大きかった。

また改装を重ねているとはいえ〈霧島〉の誕生は一九一三年、〈ワシントン〉はこの戦いの前年（一九四一年）であって、能力の差は歴然としていた。

この戦闘において日本側の重巡二隻、軽巡二隻、駆逐艦九隻の活動は不活発であった。アメリカ軍の兵力はほとんど戦艦一隻のみになっていたのであるから、損害を覚悟で接近し、攻撃を加えるべきであった。

敵味方が逆になるが、十一月十二日にはアメリカ軍の巡洋艦以下の攻撃によって〈比叡〉が沈められているのである。

日本の重巡〈愛宕〉〈高雄〉の八インチ砲と駆逐艦群の強力な魚雷兵装は、〈霧島〉の一四インチ砲に劣らぬ威力を発揮できたはずであったのだが……。

夜明けが近づくとともに両軍とも戦場を離脱した。行動不能になった〈霧島〉はその日のうちに海面から姿を消した。〈比叡〉の場合と同じように自沈させたという説もあるが、一〇発を超す一六インチ砲弾が命中したのであれば、沈没はのがれ得なかったであろう。

それにつけても残念だったのは、緒戦に多数の命中弾を与えながら、〈サウスダコタ〉を撃沈できなかったことである。この戦艦の損傷は、前部砲塔使用不能、司令塔への被弾多数、修理に四週間（死者については前述）であるから、中破と判定すべきであろう。なお現在では、この〈サウスダコタ〉の損傷の詳細な報告が公開されている。

第三次ソロモン海戦の十一月十五日の戦いにおいて〈霧島〉は、わが国の戦艦一二隻のうちただ一隻、敵戦艦に主砲弾を命中させた戦艦という名誉を得た。太平洋戦争の緒戦から縦横に戦場に疾走した高速戦艦〈霧島〉は、もって冥すべきであろう。

さて、第三次ソロモン海戦を中心とした戦闘は、これまでの海戦史上に存在しなかった種類のものであった。先にも記したが、暗夜に、多島海で戦艦三隻、巡洋艦三隻、駆逐艦一三隻が入り乱れて戦うといった海戦である。

この頃からアメリカ海軍が使用しはじめた対水上レーダーも、このような海域では威力を発揮しにくく、結局のところ人間の眼が敵を発見するための最良の〝装置〟となる。

〈霧島〉と〈サウスダコタ〉〈ワシントン〉の砲撃戦の距離ははっきりしないが、一〇キロ

門の威力数630、副砲：6インチ砲×14門、他：12.7cm砲×8門、飛行機×3機、装甲：最高厚さ10インチ、水線ベルト8インチ、速力：30ノット、航続距離：18ノットで10000海里、出力排水量比：4.22馬力／トン、乗員：最大1440名、主砲の配置：連装砲塔×2基、前・後部とも、同型艦名：榛名、比叡、霧島

艦名：金剛（高速戦艦）、国名：日本、金剛級1番艦、同型艦数4隻、起工：1911年1月、完成：1913年8月、近代化改装完成：1940年、排水量：基準32200トン、満載36800トン、寸法：全長×全幅×吃水：222m×31m×9.6m、機関：缶数8基、蒸気タービン4基、軸数：4、出力：13.6万馬力、主砲：14インチ36cmL45砲×8門、1

1門の威力数720、他：40mm機関砲×48門、飛行機×3機、装甲：最高厚さ16インチ、水線ベルト12インチ、速力：28ノット、航続距離：12ノットで13000海里、出力排水量比：2.95馬力／トン、乗員：最大1880名、主砲の配置：3連装砲塔×2基前部、後部に1基、同型艦名：ノースカロライナ（BB-55）

艦名：ワシントン（BB-56）（戦艦）、国名：アメリカ、ノースカロライナ級２番艦、同型艦数２隻、起工：1937年10月、完成：1941年３月、排水量：基準38000トン、満載42100トン、寸法：全長×全幅×吃水：222m × 33m × 9.6m、機関：缶数６基、蒸気タービン４基、軸数：4、出力：12.1万馬力、主砲：16インチ40.6cmL45砲×９門、

以内であったと思われる。

とすると、互いの主砲弾、そして巡洋艦の八インチ砲弾もほとんど直射状態で命中したはずであり、それだけ損傷も大きい。狭い海域での戦いであっただけに、日本の軽艦艇部隊にもう少し活躍してもらいたかった、というのが正直なところである。

それにしてもアメリカ海軍のガダルカナル島を守ろうとする闘志はすさまじかった。

●第一次ソロモン海戦
巡洋艦四隻沈没、二隻大破

●第三次ソロモン海戦（十一月十二日まで）
巡洋艦二隻、駆逐艦四隻沈没

という大損害を被っていながら、恐れることなく身動きしにくい戦場へ、新鋭戦艦二隻を投入してくるのである。ひとつ間違えれば、二隻とも大損傷を受ける可能性も少なくなかった。

また日本海軍と異なって、艦隊同士の夜間戦闘を想定した訓練などろくに実施していないにもかかわらず、一歩も引かずに戦ったのである。

第三次ソロモン海戦を顧みるとき、決して『夜戦は日本海軍のお家芸』といった表現が通用しなくなっている事実がわかる。

第一次ソロモン海戦で大敗したアメリカ海軍は、短期間のうちに、いろいろな戦訓を学び、それを次の戦闘に生かしたのであった。その戦訓のひとつが、駆逐艦を前衛として、この犠牲の上に立ち、主力が敵の本隊をたたくという戦術である。

第三次ソロモン海戦の最後の戦いにおいて、これは見事に成功した。四隻のアメリカ駆逐艦のうち、三隻が失われたが、その代償として米戦艦が日本の〈霧島〉を撃沈したのであった。

この海戦のあと、日本海軍はひとつとして大きな勝利を獲得できなくなっていく。この意味から、この海戦は〈霧島〉の喪失以上に印象に残るのである。

ノースケープ沖海戦（一九四三年十二月二十六日）

ドイツ戦艦の中でもっとも古強者《ベテラン》である巡戦〈シャルンホルスト〉は、北極海に面したアルタ・フィヨルドにひっそりとうずくまっていた。一九四三年九月の出撃以来まったく動かず、三ヵ月間ただ眼の前の海を眺めていただけである。

しかしその年の終わりに近づいたクリスマス、〈シャルンホルスト〉は五隻の駆逐艦――それも新しく強力な――を引き連れて、北の海に向かい出撃して行く。イギリスの援ソ船団JW－55Bを攻撃するためである。

護衛および索敵を任務とする第四駆逐隊と共同して、ソ連に向かう大輸送船団を撃滅するのである。この時期、東部戦線のドイツ軍に対する圧力をなんとしても減らさねばならない。

イギリスのコンボイJW－55Bのエスコート兵力は、弱小との情報がもたらされていた。

十二月の北極海であるから、当然海況は極端に悪い。一日中薄暗く、霧が毎日のように発生し、そのうえ大荒れの日が続く。しかしこの条件は敵も同様である。また前年のヒトラーによる大型艦解体という決断を覆すためにも、巡戦による大戦果は、この時期に必要であった。

当時、英本国艦隊は、船団エスコートのためふたつの部隊を北極海に派遣していた。それらは単純にフォース・I（第一部隊）、フォース・II（第二部隊）と名付けられていた。フォース・Iの兵力は歴戦の巡洋艦群〈ベルファースト〉〈ノーフォーク〉〈シェフィールド〉であり、フォース・IIはより強力で戦艦〈デューク・オブ・ヨーク〉と軽巡〈ジャマイカ〉および駆逐艦四隻である。

一方、船団JW－55Bには、駆逐艦など一四隻の護衛がついていた（一部はコルベット）。天候は予想どおり大荒れであった。もっとも冬の北極海に平穏な海況など存在するはずもない。

ノース岬を離れると〈シャルンホルスト〉は五隻の駆逐艦を自艦の前方に進出させ、船団の捜索にあたらせた。結局これらの駆逐艦は何も発見できず、またこの直後に行なわれた主力艦同士の戦闘に介入することもなく、帰投するのである。

〈シャルンホルスト〉の出動を知った〈デューク・オブ・ヨーク〉座乗のフレイザー提督は、フォース・Iとフォース・IIによるはさみ打ちで、ドイツ海軍の古強者を捕らえようと試みたのであった。

クリスマスの翌日、早々とフォース・Iは、レーダーでドイツの大型艦を発見した。十二月二十六日午前、猛吹雪の中で英巡洋艦の八インチ砲一発が、〈シャルンホルスト〉に命中、レーダー一基を破壊した。いったん吹雪の中へ姿を消した独巡戦は、正午近く、再びフォース・Iと交戦、ここで〈シャルンホルスト〉は射撃の冴えを見せ、〈ノーフォーク〉に二弾を命中させた。〈ノーフォーク〉は中央部に火災が発生し、また第三砲塔が使用不能となる。

この小競り合いのあと、再び〈シャルンホルスト〉は速力を上げ、船団攻撃の意図を放棄し、基地へもどろうとした。しかし英巡洋艦群はあわてることなく、ピタリと追跡を続けていた。

間もなくやってくる〝ビッグ・ボス〟〈デューク・オブ・ヨーク〉を待っているのである。

薄暗くなった夕刻五時、戦艦〈デューク・オブ・ヨーク〉は、必死で遁走をはかる独巡戦を発見した。そして一四インチ砲の一斉射撃を開始し、この悪条件下において驚くべきことに、初弾が至近弾となって〈シャルンホルスト〉に被害を与えた。

イギリス海軍のレーダー射撃の神技としか言いようのない腕前である。〈シャルンホルスト〉も一一インチ砲で反撃したが、多少でも英戦艦に損害を与えたものは、司令塔上部に命中した一弾だけである。

このあとの状況は、巡戦を完全に包囲したイギリス海軍の思惑どおりの戦闘となった。戦艦〈デューク・オブ・ヨーク〉と巡洋艦は接近して砲弾を撃ち込み、駆逐艦は多数の魚雷を発射した。

結局〈シャルンホルスト〉は十数発の一四インチ砲弾、多数の六インチ、八インチ砲弾、一〇本以上の魚雷を受け、同日八時に沈没した。二〇〇〇名近い乗員のうち、救助された者は三六名である。

一方、英艦艇の損害は〈ノーフォーク〉中破、〈デューク・オブ・ヨーク〉小破（戦死者一七名）で、とるに足らぬものであった。

この英、独海軍の実質的には最後となった戦闘を調べてみると、ひとつには、主砲口径の差が、このような結果をもたらしたといえる。

〈シャルンホルスト〉一一インチL55砲
　砲弾重量三一五キロ、主砲威力数六〇〇
〈デューク・オブ・ヨーク〉一四インチL50砲
　砲弾重量七二〇キロ、主砲威力数七〇〇

この数値から見るかぎり、いくら完成を急いだとはいえ、三万トンを超える戦艦の主砲が、一一インチでは明らかに威力不足である。たとえ門数を六門にしても、一五インチ砲を載せるべきであった。

この北岬沖海戦で〈シャルンホルスト〉が一五インチ砲を装備していたとしたら、海戦の結果はかなり変わっていたに違いない。

〈ノーフォーク〉〈デューク・オブ・ヨーク〉に命中した一一インチ砲弾が、一五インチであったなら、巡洋艦は大破、あるいは沈没、そして〈デューク・オブ・ヨーク〉の司令塔は、大きなダメージを受け、高速の〈シャルンホルスト〉に脱出の機会が与えられたと考えられる。

ともかく一一インチと一四インチでは砲弾の威力（重量）に差がありすぎるのである。

もし〈ノーフォーク〉が沈没に瀕したら、大荒れの海況からしてイギリス軍の救助作業は難航したであろうし、〈デューク・オブ・ヨーク〉の司令塔に命中した一弾によって、その後の指揮は混乱したであろう。

〈シャルンホルスト〉が、その直後に高速で脱出をはかれば、追跡する巡洋艦、駆逐艦は荒波のため追尾は不可能である。

一時、ドイツ海軍でも〈シャルンホルスト〉〈グナイゼナウ〉の主砲を一五インチ連装砲に交換する計画も存在したようだが、結局三万トンを超える高速巡戦二隻は、一万トンのポケット戦艦と同様の軽量砲を持ったまま、その生涯を終えた。

しかし主力艦の主砲の口径の問題以上にこの海戦は、イギリス海軍とドイツ海軍の実力の差を明確に示したといえる。

情報量が圧倒的に多く、艦艇間の連繋がうまく、そして常に海上で行動している海軍と、最少限の情報、バラバラに行動する艦艇、そして時化《しけ》た海に馴れていない乗組員を有する海軍では、実戦力に大差のあることは当然である。

他：40mm 機関砲×48 門、飛行機×4機、装甲：最高厚さ16インチ、水線ベルト15インチ、速力：27.5ノット、航続距離：10ノットで15000海里、出力排水量比：3.00馬力／トン、乗員：最大1600名、主砲の配置：4連装砲塔前・後部各1基、連装砲塔前部1基、同型艦名：プリンス・オブ・ウェールズ、デューク・オブ・ヨーク、アンソン、ハウ

艦名：キング・ジョージ五世（戦艦）、国名：イギリス、キング・ジョージ五世級1番艦、同型艦数5隻、起工：1937年1月、完成：1940年12月、排水量：基準36750トン、満載45200トン、寸法：全長×全幅×吃水：227m×31.4m×9.7m、機関：缶数8基、蒸気タービン4基、軸数：4、出力：11.0万馬力、主砲：14.2インチ36.1cmL50砲×10門、1門の威力数710、副砲：5.1インチ砲×16門、

1門の威力数600、副砲：6インチ砲×12門、他：10.5cm砲×14門、飛行機×4機、装甲：最高厚さ14インチ、水線ベルト13.8インチ、速力：31.5ノット、航続距離：17ノットで11000海里、出力排水量比：5.19馬力／トン、乗員：最大1840名、主砲の配置：3連装砲塔×2基前部、後部に1基、同型艦名：グナイゼナウ

艦名：シャルンホルスト（巡洋戦艦）、国名：ドイツ、シャルンホルスト級1番艦、同型艦数2隻、起工：1935年5月、完成：1939年1月、排水量：基準31800トン、満載39500トン、寸法：全長×全幅×吃水：230m × 30.0m × 9.1m、機関：缶数12基、蒸気タービン3基、軸数：3、出力：16.5万馬力、主砲：11インチ28cmL54.5砲×9門、

この作戦の最初から、ドイツ海軍首脳部はドイツ駆逐艦の航海状況を心配している。北極海の悪天候により、駆逐艦が損傷を受ける（あるいは遭難する？）のではないか、という懸念である。

しかしイギリス海軍は、冬の北極海が荒れるのは当然として、数多くの駆逐艦（排水量一八〇〇トン強）を出動させている。

あるイギリス軍事評論家のいうとおり、「つねに海上にある海軍は、つねに港にいる海軍よりつねに強い」のである。

この一方的な戦闘は、その言葉の正しいことを何よりも如実に証明したのである。

イギリスの駆逐艦群（その排水量はドイツ海軍の駆逐艦のそれより小さい）は、荒れ狂う怒濤の中、速力の低下した〈シャルンホルスト〉に向かって魚雷攻撃をくり返し実施している。また、前年のバレンツ海海戦でも、イギリス駆逐艦はドイツのポケット戦艦、重巡洋艦を恐れることなく対等以上の戦いを展開した。

それに比較すると、〈シャルンホルスト〉に同伴したドイツ駆逐艦は、荒海を走りまわっただけで、守るべき主力艦を置き去りにして帰港してしまった。

この後期Z級駆逐艦（排水量二五〇〇トン強）五隻が戦場にあれば（そしてその五隻に十分な戦意があれば）、〈シャルンホルスト〉はフォース・Iに損害を与えて退却することが可能であったはずである。同一の条件で〈シャルンホルスト〉が〈デューク・オブ・ヨーク〉と交戦すれば、まず勝ち目はない。

ドイツ海軍は、歴史上多分ヨーロッパにおける最後となるであろう戦艦同士の戦闘に、このようにして大敗北を喫したのである。このあとヨーロッパの海域から大型水上艦艇同士の交戦は完全に消滅した。

スリガオ海峡海戦（一九四四年十月二十四日）

一九四四年十月十七日、アメリカ陸軍と海兵隊がフィリピン諸島のレイテ島に上陸を開始した。太平洋の島々を攻略しつつ北上を続け、日本本土へ攻め上ろうとするアメリカ軍の大規模な作戦の一環である。

このフィリピン作戦は、アメリカ海軍としても太平洋艦隊の全兵力を集中したもので、その水上艦艇の総数は二〇〇隻近いものであった。内訳は空母二九、戦艦一二、巡洋艦一七、駆逐艦八一、その他六〇隻（輸送船を含まず）である。

一方、日本軍はあらかじめ米軍のフィリピン来襲を予測し、残存する全艦艇を投入してこれを阻止する計画を持っていた。

この作戦は「捷《しょう》一号」と呼ばれ、参加兵力は空母四、戦艦九、巡洋艦二一、駆逐艦三三隻であり、空母およびその艦載機を別にすれば、水上勢力ではほぼ釣り合っていた。

日本海軍としては、このような空母の不足を、戦艦部隊の〈大和〉〈武蔵〉を中心とする砲力によって補おうと考えたのである。目標はレイテ湾に集結している約八〇隻の大輸送船団で、もしこれを撃滅できればフィリピンの陸軍部隊はかなり強力であるので、アメリカ軍の日本本土への侵攻を完全に停止させることが可能と思われた。

日本の艦隊は、

一、日本本土から南下し〝囮《おとり》〟の役となる空母部隊（北方部隊と呼ばれる）

二、マレー方面から南下してくる第二遊撃部隊

三、ボルネオから北上し、戦艦を主力とする第一遊撃部隊（栗田艦隊）

四、同じくブルネイから出撃する南方部隊（主力・西村艦隊、支援・志摩艦隊）

の以上四つの戦力である。

もちろんフィリピン駐留の海軍航空部隊、陸軍の基地航空部隊もこれらの日本艦隊を支援し、敵を攻撃する。

このようにのちに『フィリピン沖海戦』と呼ばれた史上最大の作戦は複雑を極め、戦闘水域が五〇万平方キロに及んでいる。この中で主な海戦だけでもシブヤン、スリガオ、エンガノ、サマールと四つあり、他にも数回にわたって小海戦が行なわれている。

まず、シブヤンの戦いとは、前記の第一遊撃部隊が、米空母機の大空襲を受けたものである。この戦闘で〈大和〉の姉妹艦〈武蔵〉が沈没した。

エンガノ海戦は北方部隊の日本空母が同じく空襲を受け、囮《おとり》の役割は十分に果たしたものの、全滅した戦いである。

サマール沖海戦とは、第一遊撃部隊が米護衛空母群を捕らえて、基地航空部隊との協同攻

撃により空母二隻、駆逐艦三隻を撃沈した戦いであった。この海戦は決して大きくはないものの、総括してフィリピン沖海戦と呼ばれた戦いの中では日本側の勝利であった。

十月二十三日から開始された海空戦は十月二十六日まで続き、日本艦隊は戦艦三、空母四、巡洋艦九、駆逐艦六隻を失い、他の艦艇もすべて損傷を受けてしまった。戦果は小型空母三、駆逐艦三、潜水艦一隻の撃沈のみである（特攻攻撃による戦果を含む）。

これが連合艦隊最後の海戦となった比島沖海戦の結末であるが、前述の四つの海戦のうち、説明を省いたスリガオ海峡の戦いがこの項の主題である。

ブルネイ（ボルネオ島西岸）を十月二十二日出港した日本第三部隊は、南方部隊とも呼称されていたが、次のような兵力であった。

○主力　西村艦隊
戦艦〈山城〉〈扶桑〉
重巡〈最上〉
駆逐艦四隻

○支援　志摩艦隊
重巡〈那智〉〈足柄〉
軽巡〈阿武隈〉
駆逐艦四隻

両部隊の間隔は約五〇キロであり、不思議なことに、両艦隊間にほとんど連絡はなかった。

これらの部隊の任務は、スリガオ海峡を通過して南からレイテ湾に突入、主として湾内にいる敵上陸部隊をたたくというものであった。

主力をなす旧式戦艦〈山城〉〈扶桑〉では、アメリカ海軍の新鋭戦艦群との戦闘は不利と考えられていたからである。特に〈山城〉は、大戦中にも練習戦艦として使用されていた旧式艦である。

偵察機により西村艦隊の接近を知ったアメリカ軍は、この艦隊が日本軍の主力でないことを正確に読みとり、オルデンドルフ少将の指揮する旧式戦艦群に迎撃を命じた。

旧式戦艦が中心とは言っても、この艦隊はかなり強力なもので、

戦艦〈メリーランド〉〈ミシシッピ〉など六隻

重巡五隻　軽巡三隻

駆逐艦　二六隻

魚雷艇　三三隻

であった。

西村部隊は航空機の掩護をまったく期待できないため、スリガオ海峡へは夜間に突入することとし、午後十一時海峡にさしかかった。

これに対して充分な時間的余裕のあった米艦隊は海峡を完全に封鎖し、必勝の態勢をつくり上げた。まず日本艦隊を魚雷艇の攻撃によって痛めつけ、続いて多数の駆逐艦が同じように魚雷攻撃を加える。前衛として巡洋艦が左右から照射攻撃を加えて、仕上げは六隻の戦艦

がT字型に布陣し、五〇門の主砲を一斉に発射する。

このような強力なアメリカ艦隊が、待ち伏せていることにまったく気づかず、西村艦隊は単縦陣で海峡を突破しようとしていた。

二十四日から二十五日に移りつつあるとき、魚雷艇が次々と島影から突進し、日本艦隊を攻撃した。しかし日本駆逐艦四隻はよくこの高速艇の攻撃を阻止し、一隻を撃沈、三隻に損害を与えた。魚雷艇隊の攻撃はまったく効果がなかったが、次の第二波となった米駆逐艦隊の魚雷攻撃は極めて有効であった。

午前三時から四時にかけて、八隻の駆逐艦が左右から来襲し、五〇本に達する魚雷を発射した。これらは〈山城〉に一本、〈扶桑〉に一本、そして駆逐艦〈山雲〉〈満潮〉〈朝雲〉にも命中した。

この直後、再び米駆逐艦隊は襲撃を行ない、魚雷多数を発射している。

ともかく待ち構える米駆逐艦は、二六隻という大兵力であった。

この発射行動終了を待っていたように、六隻の戦艦、八隻の巡洋艦はほぼ三〇分にわたり、集中砲火を日本艦隊に浴びせた。戦艦群は各艦少なくとも一〇〇発、巡洋艦は二五〇発撃っているから、すでに魚雷によって大きな損傷を受けていた日本部隊は、六〇〇発以上の大口径砲弾、一〇〇〇発以上の中口径砲弾を浴びて、文字どおり壊滅した。

無事に逃げ得たのは、駆逐艦〈時雨《しぐれ》〉一隻のみである。

このすぐ後に戦場へ進入してきた志摩部隊は悲劇を目の前にして、海峡への突入は無益と

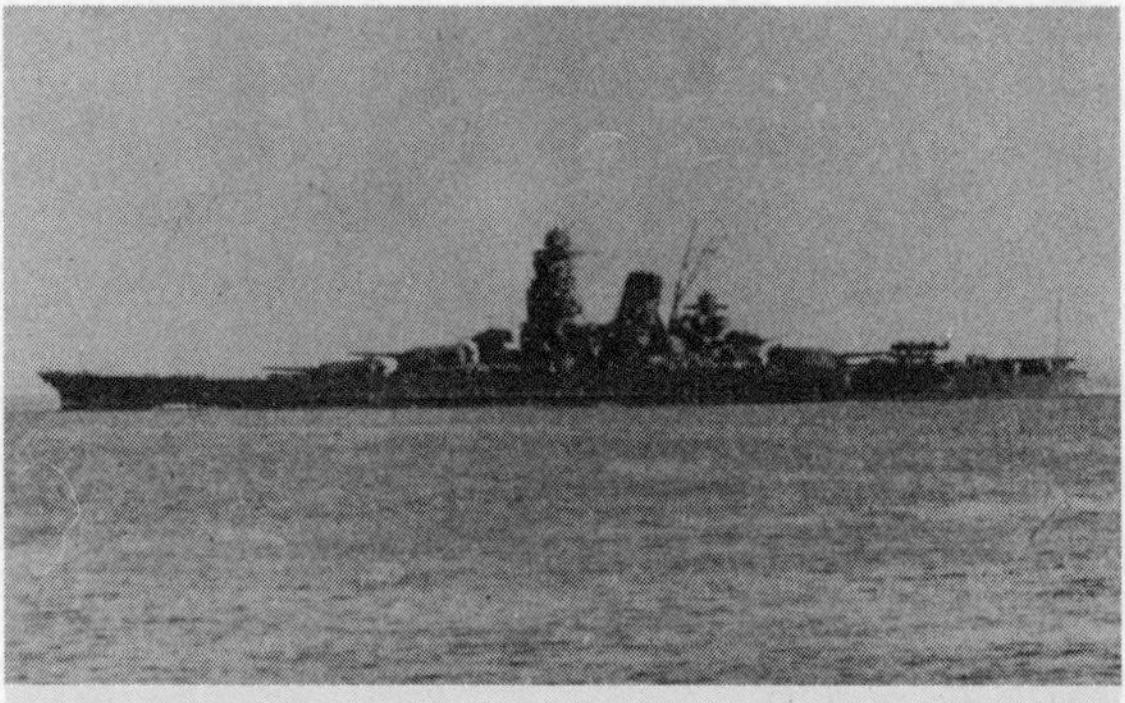

武蔵、扶桑

メリーランド、ミシシッピ

判断して引き返していった。

アメリカ側の損害は、駆逐艦三、軽巡一隻が軽度の損傷であり、そのうち日本軍によるものは駆逐艦一隻のみとなっている。他の損害は夜戦に付きものの、同士打ちが理由である。

アメリカ艦隊が同士打ちの危険を知って射撃を中止しなかったら、〈時雨〉も帰還できなかったであろう。

このようにして、世界の戦史のうちで最後となった戦艦対戦艦の決闘は、日本側にとって最悪の結果となった。

それではこの戦いを分析してみよう。まず、両軍の巡洋艦以下の補助艦艇が介入してこなかった場合を考える。

前述のようにアメリカ海軍の戦艦部隊は、リー少将の率いる最新の戦艦群、ノースカロライナ、サウスダコタ、アイオワ級ではなく、〈ミシシッピ〉〈メリーランド〉〈ウエストバージニア〉〈カリフォルニア〉〈テネシー〉〈ペンシルベニア〉の六隻である。このうちの五隻は三年前、真珠湾の泥の中に、いったんは沈んだ戦艦であった。

彼女らの竣工は、一九一四年から一九二一年にかけてであるから、完成後二〇年〜三〇年経過している。もちろん近代化改装はなされており、しかもこのうち〈メリーランド〉と〈ウエストバージニア〉は、それぞれ八門の一六インチ砲を有する。

米戦艦部隊の主砲は、
一四インチ砲四八門（一二門×四隻）

一六インチ砲一六門（八門×二隻）
であり、これに対して日本側は、
一四インチ砲二四門（一二門×二隻）
でしかなかった。
しかもアメリカ艦隊の一四インチ砲の大部分は砲身長五〇口径であるので、日本の四五口径砲より多少強力であるといえる。
防御力もアメリカの方がすぐれ、速力、運動性は〈山城〉〈扶桑〉が多少大きい。したがって白昼の海戦となった場合、数的には三分の一しかない日本戦艦も、かなり活躍したはずである。そしてもし戦闘が長引き、本格的な砲戦になれば、数は少ないものの、魚雷兵装にすぐれた日本海軍の駆逐艦にも、活躍の場が与えられたに違いない。
西村部隊の行動は、どう考えても〝猪突猛進〟の感が深い。いくら敵を牽制することが任務のひとつとはいえ、数倍の勢力を持つ敵の手中にわざわざ飛び込むのは無謀である。
多分、西村部隊のどの艦も、次々と襲ってくる魚雷艇と駆逐艦に気を取られて、敵の主力艦を一隻も確認していなかったと考えられる。これでは敵の注意を引きつけるどころか、単に射撃目標の役割しか果たし得ない。
また少ない兵力を西村、志摩の二つに分割した理由も不明である。捷一号作戦は、あまりに複雑であって、そのうえ艦隊を分散させ過ぎていた。
この海戦において重巡二隻、軽巡一隻、駆逐艦四隻の志摩艦隊はただスリガオ海峡に近づ

数630、副砲：6インチ砲×14門、他：12.7cm砲×8門、飛行機×3機、装甲：最高厚さ12インチ、水線ベルト12インチ、速力：24.5ノット、航続距離：16ノットで11800海里、出力排水量比：2.16馬力／トン、乗員：最大1400名、主砲の配置：連装砲塔×2基、前・中央・後部とも、同型艦名：扶桑

艦名：山城（戦艦）、国名：日本、扶桑級２番艦、同型艦数２隻、起工：1913年11月、完成：1917年３月、近代化改装完成：1935年、排水量：基準34700トン、満載36800トン、寸法：全長×全幅×吃水：213m × 33.1m × 9.7m、機関：缶数６基、蒸気タービン４基、軸数：4、出力：7.5万馬力、主砲：14インチ36cmL45砲× 12門、１門の威力

砲×16門、他：40mm機関砲×40門、飛行機×3機、装甲：最高厚さ16インチ、水線ベルト16インチ、速力：21ノット、航続距離：12ノットで10000海里、出力排水量比：0.77馬力／トン、乗員：最大2100名、主砲の配置：連装砲塔×2基、前・後部とも、同型艦名：コロラド（BB-45）、メリーランド（BB-46）（BB-47は建造中止）、BB-49～BB-54の6隻はなし。

艦名：ウエストバージニア（BB-48）（戦艦）、国名：アメリカ、コロラド級4番艦、同型艦数4隻、起工：1920年4月、完成：1923年12月、近代化改装完成：1944年、排水量：基準37800トン、満載43300トン、寸法：全長×全幅×吃水：190m×34.8m×10.8m、機関：缶数8基、電気モーター4基、軸数：4、出力：2.9万馬力、主砲：16インチ40.6cmL45砲×8門、1門の威力数720、副砲：5インチ

40mm機関砲×18門、飛行機×3機、装甲：最高厚さ16インチ、水線ベルト14インチ、速力：21.5ノット、航続距離：12ノットで9500海里、出力排水量比：1.20馬力／トン、乗員：最大1930名、主砲の配置：3連装砲塔×2基、前・後部とも、同型艦名：ミシシッピ（BB-41）、アイダホ（BB-42）

艦名：ニューメキシコ（BB-40）（戦艦）、国名：アメリカ、ニューメキシコ級1番艦、同型艦数3隻、起工：1915年10月、完成：1918年5月、近代化改装完成：1942年、排水量：基準33400トン、満載41400トン、寸法：全長×全幅×吃水：190m × 32.4m × 10.4m、機関：缶数4基、蒸気タービン4基、軸数：4、出力：4.0万馬力、主砲：14インチ36cmL45砲×12門、1門の威力数630、他：

き——炎上する西村部隊の巡洋艦〈最上〉と旗艦〈那智〉が衝突するという失態を演じただけで——引き返している。

西村、志摩両艦隊が合同すれば、一応戦艦二、重巡三、軽巡一、駆八隻のまとまった兵力になり、これが米艦隊を動揺させることができれば、その効果はかなりのものとなったはずである。

西村、志摩艦隊をひとつにまとめ、これがスリガオ海峡手前のミンダナオ海で突入の気配を見せながら、オルデンドルフの部隊を牽制する。これだけでもアメリカ海軍をかなり、いら立たせたに違いない。

ところが戦艦六、巡洋艦八隻が十字形に海峡をふさいでいる海域へ、単縦陣で突っ込んでいったのである。待ちかまえているオルデンドルフの戦艦隊は、まさに絶好の獲物がやってきた、としか思わなかったであろう。

〈山城〉座乗の西村少将の最後の命令は、他の艦艇に対して、「われ魚雷攻撃を受く。各艦は進撃して敵を攻撃せよ」という勇ましいものではあったが、それも空しかった。

もちろん戦艦二、巡洋艦四隻の日本艦隊が、戦艦六、巡洋艦八隻のアメリカ艦隊にかなうはずもないが、それにしても、もう少し有効な戦術がとれなかったのか、と惜しむ気持ちが強い。それとも、一九四三年初頭のガダルカナル島における敗北以来、日本は完全に勝利の女神に見放されてしまったのだろうか。

第4章　実戦から見た戦艦の防御力

戦艦の防御力

技術力を必要とする兵器、たとえば航空機、戦闘車輛、軍艦などの性能は、攻撃力（火力）、機動力、防御力の三つによって示されることが多い。

これまで戦艦については、主砲の威力、速力、装甲の厚さという面から見てきた。

ここでは前記の防御力を、軍艦としての〝沈みにくさ〟として、前章の実際の戦闘の結果と共に検討してみたい。

幸いなことに勇戦奮闘のすえ、海中に姿を没し去った戦艦のすべてについて、一応の記録が残っている。それらは必ずしも正確とはいえないが、撃沈されたそれぞれの戦艦の防御力を示す〝目安〟にはなるだろう。

しかし個々の検討に入る前に、港内で敵の攻撃を受けて大破したり、着底（水深が浅く、沈んでも艦底が着いてしまうこと）したものを除いた点を明確にしておこう。とくに、イギリス戦艦〈ロイヤル・オーク〉

イタリア戦艦〈ジュリオ・チェザーレ〉などのように、港内に停泊中に雷撃されて沈没した艦の防御力については、なんともはっきりしない。乗組員の大部分は、休養のため上陸していたであろうし、また攻撃されるとは思っていなかったから、防水扉、水密ドアは開いたままであったはずである。

これではとうてい本来の防御力は発揮できず、簡単に沈没してしまっている。

前述の二隻以外に、真珠湾におけるアメリカの旧式戦艦六隻についても同じことがいえる。

また少なからぬ損傷を受けたあと、艦底のキングストン弁を開き、自沈した場合も、この稿からはずした。

第三次ソロモン海戦第一日目に、アメリカ巡洋艦と激しく戦ったのち、航空魚雷を受け、自沈した日本海軍の〈比叡〉がこれにあたる。記録によるとこのベテランの戦艦は、

航空魚雷三本

八インチ、六インチ砲弾八〇発以上

二五〇キロ爆弾六発

を受けて、航行不能となった。

自国の沿岸ならまだしも、敵の上陸地点の目の前となったら、ヘタをすれば捕獲される恐れさえある。そのためキングストン弁を開いたのであった。

また〈ビスマルク〉の沈没については、ドイツの研究者の一部は自沈としているが、客観的にみて、やはり沈められたと判断すべきであろう。

もうひとつ重要な点は、撃沈された戦艦にどれだけの数の魚雷、爆弾が命中したか、という数の問題である。

小型の駆逐艦などと異なって、大型艦には戦闘のさい記録を取る係の乗員がいるから、この数はかなり正確に残っている。けれども結局戦艦は沈んでしまったのだから、記録係は戦死した可能性が高い。また生存していても、戦闘のさい記録が取れなかった場合もあろう。

となると、命中した魚雷、爆弾の数は必ずしも正確とは言えなくなる。

これ以外に、乗組員の訓練の度合、爆弾、魚雷の命中個所といった事柄で、軍艦の防御力に差が出てくる。

一例を挙げれば、日本海軍の大和級大戦艦二隻に、船体構造はほぼ同じ空母〈信濃〉を加えた三隻について、

〈武蔵〉　航空魚雷一九本、爆弾一七発

〈大和〉　〃　一一本、爆弾多数

〈信濃〉　潜水艦魚雷四本

と大きな差が生じている。とくに〈信濃〉については、魚雷が命中したあとも、あまり速力を落とさずに走り続け、浸水の増大を招いたこと、乗員の半数が軍艦に初めて乗り込んだような状況で、適切な応急処置がとれなかったことが原因とされた。

このような数々の事実から、結局のところいくら詳細に防御力を検討したところで〝目

安〟の域を出ないのである。

その一方で、性能、要目データから、きわめて強靱な防御力を有すると推測されていた〈ビスマルク〉、〈シャルンホルスト〉、大和級は、満身創痍《そうい》の状態になりながらなかなか沈まず、攻撃する側を驚嘆させた。

そのときの状況を調べれば調べるほど、チャーチルの言うところの『本物の戦艦』と評価することができるのであった。

一二隻の実例

〈霧島〉

一九一六年竣工の古い戦艦であり、本来防御力の脆弱な巡洋戦艦に分類すべきものである。第三次ソロモン海戦のさい、アメリカ戦艦〈ワシントン〉からの一六インチ砲弾により撃沈された。その時の状況としては、短時間に一四～一五発が命中し、そのうちの六発は舷側、あるいは水線下であり、浸水を生じた。

また甲板から上に命中した砲弾により操舵装置が故障し、走ることも曳航されることもできなくなった。多少とも大型船に関する知識を持っている者にとって、舵の故障は、推進機関の故障より始末が悪いというのが常識である。

〈霧島〉の場合、この故障と浸水が彼女の命を奪ったのであった。ただし砲弾の命中から沈没まで、約一〇時間たっている。

〈金剛〉

旧式ながら日本海軍でもっとも活躍していた高速戦艦〈金剛〉は、一九四四年十一月二十一日、台湾沖でアメリカ潜水艦〈シーライオン〉の魚雷攻撃を受けた。

暗夜、時化《しけ》た海上において四発の魚雷が命中し、それから二時間後に沈没した。たびたび改装工事を行なったとはいえ、建造後三〇年以上経過していた古い戦艦は、四本の魚雷に耐えられなかった。ただし命中後も弾薬庫の誘爆は起こらず、二時間も浮いていたのは幸運であった。

二隻の駆逐艦が付き添っていたので、乗組員の移動は容易になされるはずであったが、退艦命令の遅れ、時化た海面が救助作業を妨げた。

一六〇〇名の乗員のうち、助かった者はわずかに一五パーセントとなっている。

〈武蔵〉

基準排水量六万トンを超す巨艦であったが、アメリカ海軍の空母艦載機のみの攻撃で沈められた。

晴天の白昼、延々と続けられた航空攻撃によって、航空魚雷一九本、爆弾一七発が命中、他に至近弾多数である。爆弾は二五〇キロ、五〇〇キロの中型のものであり、これは対空火器の能力を大幅に低下させた。しかしながら大戦艦〈武蔵〉を沈めたのは魚雷である。

同艦の傾斜復旧作業は完璧に実行され、浸水が増えても船体は姿勢を変えずに沈んでいった。

わずかに残された一枚の写真が、その事実を示している。これによると前部の浸水が増大し、前甲板が波に洗われはじめても、左右の傾斜はあまり見られない。これは注水（損傷による傾斜を回復する目的で、意識的に艦内に海水を入れること）が的確に行なわれたことを意味する。やがて前甲板は水面下まで沈下し、砲塔が島のように見える状況になってしまった。

多数の魚雷が命中したあと、これほどの安定性を見せた例は珍しく、乗組員の練度は高く評価されるべきである。

モーターボート、漁船などの小型船についても、浸水した場合に水平に浮いているという能力（これをレベル・フローティングと称する）は非常に大切とされている。

この能力を船舶に与えられるかどうか、設計者の手腕が問われるのである。〈武蔵〉の場合、乗員たちは設計者が期待する以上の腕前で、同艦の命を長引かせたといっても良いと思う。

〈大和〉

沖縄に上陸し、日本軍を圧迫しているアメリカ軍を撃破するため、軽巡洋艦一隻、駆逐艦八隻のエスコートを受けて出撃した大戦艦〈大和〉は、四〇〇機を超す空母機の攻撃により沈没した。

同艦は約三時間の戦闘によって、航空魚雷一一～一二本、二五〇キロ、五〇〇キロ爆弾数発（五ないし六発）を受け、二五〇〇名の乗組員と共に海面下に没した。

姉妹艦〈武蔵〉と比較して、かなり少ない魚雷と爆弾により沈んでいる。

この理由として、魚雷が片方の側〈九本と二本〉に集中して命中したからである、と推測される。

また戦局が不利になっていて、乗組員の中に乗艦経験の浅い者が多くなり、ダメージ・コントロールが完全ではなかったのかも知れない。

〈バーラム〉

地中海を航行中、ドイツ軍潜水艦U－331の魚雷四本を受け、弾薬庫が爆発、ほとんど一瞬にして沈没した。古い艦だけに、防御力はかなり小さかったらしく、まさに轟沈という言い方が似つかわしい。

一九一五年の竣工であって、まったく同じ状況で撃沈された〈金剛〉と建造後の経年数は等しかった。

装甲については〈バーラム〉の方が強力であったが、魚雷の命中個所によって沈没までの時間は逆の結果となった。

同じ潜水艦魚雷四本の命中でも、〈バーラム〉は瞬時に沈み、〈金剛〉は二時間も浮いていた。これは防御力の差というより、たんに両艦の〝運〟によるところが大きいようである。

乗員九五一名のうち、戦死者は八五九名で、じつに九〇パーセントに達している。

〈フッド〉

世界最大の軍艦として知られたイギリス海軍の巡洋戦艦〈フッド〉は、ドイツ海軍の戦艦〈ビスマルク〉の一五インチ砲弾により、一瞬にして沈没した。

現在の研究では、彼女は巡洋艦〈プリンツ・オイゲン〉からの、

八インチ砲弾三発

戦艦〈ビスマルク〉からの、

一五インチ砲弾三発

を受けたとされている。

しかし〈フッド〉に致命的な傷を負わせたのは、わずか一発の一五インチ砲弾である。これが砲塔を貫通し、弾薬庫まで達し、搭載されていた砲弾、装薬を誘爆させたのであった。

主力艦が一発の砲弾によって沈没した例は、第二次大戦においては〈フッド〉のみである。

〈プリンス・オブ・ウェールズ／PoW〉

日本海軍航空部隊の攻撃により、太平洋戦争の開戦劈頭《へきとう》、撃沈されてしまったが、この戦艦には航空魚雷一一本、五〇〇キロ爆弾二発が命中した。しかし沈没までに時間的余裕があり、乗員の戦死者の比率はわずか二〇パーセントにとどまっている。

この〈ＰｏＷ〉の沈没は、海軍史上きわめてエポック・メイキングな出来事であった。その理由は、『新式戦艦が、完全な戦闘態勢下で航行中に、航空攻撃のみによって撃沈された』からである。

この戦闘によって、もはやいかなる戦艦も航空機の攻撃に対してはほとんど無力である事実が明確になった。

〈プリンス・オブ・ウェールズ〉は航行中に、航空攻撃によって沈んだ唯一の連合軍の戦艦である。

〈レパルス〉

〈ＰｏＷ〉に随伴していた巡洋戦艦〈レパルス〉は、全長二四二メートル、排水量二万八〇〇〇トンの大型艦にもかかわらず、日本海軍機の攻撃によって、簡単に沈んでしまった。

同艦を沈めたのは、五本の魚雷、一発の二五〇キロ爆弾で、〈ＰｏＷ〉同様に魚雷が致命傷になった。

また〈ＰｏＷ〉の場合より、命中した魚雷はずっと少なく、また爆弾も軽量の二五〇キロ一発だけであったが、極めて短時間で沈んでいる。やはり〈ＰｏＷ〉と比較して、艦齢が三〇年も古いこと、防御力の弱い巡洋戦艦であったことなどが、その理由であろう。

乗員の戦死者もまた〈ＰｏＷ〉よりかなり多く、一三〇九名中、五一三名（約四〇パーセント）が――海上が平穏だったにもかかわらず――死亡している。

〈シャルンホルスト〉

一時は僚艦〈グナイゼナウ〉と共に北大西洋狭しと暴れまわった巡戦〈シャルンホルスト〉の最後は、じつに悲惨なものであった。

五隻の護衛駆逐艦との会合は失敗に終わり、より強力な戦艦〈デューク・オブ・ヨーク〉をはじめとするイギリス艦隊の集中攻撃を受け、荒れ狂う海に沈んだ。

同艦には水上艦からの魚雷三本、一四インチ砲弾少なくとも一〇発、八インチ砲弾三発が撃ち込まれ、歴戦の巡戦はこの打撃に耐えられなかった。しかし、それでもイギリスの巡洋戦艦と比較して、建造時期に差はあるものの、かなり強靱な軍艦であったと推測される。〈デューク・オブ・ヨーク〉との一騎打ちなら、大砲の口径は小さくとも、ほぼ対等に戦えたはずであった。

この海戦においては、ドイツ海軍のミスが多く、それが流麗なスタイルを持つ彼女の死につながったのである。

〈ビスマルク〉

一九四一年五月、重巡〈プリンツ・オイゲン〉を従えて、北大西洋に出撃したドイツ海軍の新戦艦〈ビスマルク〉は、イギリス巡戦〈フッド〉を撃沈したあと、悲劇的な最後を迎えた。航空魚雷によって舵が動かなくなり、イギリス海軍の大部隊に包囲され、多数の魚雷、砲弾を撃ち込まれ、まさに瀕死の巨鯨さながらの状態で沈んでいった。
同艦の損傷の大部分は、
戦艦〈ロドネー〉の一六インチ砲弾
〃〈キング・ジョージ五世〉の一四インチ砲弾
によって生じたものであり、少なくともそれぞれ一〇発が命中した。
また魚雷については、威力の小さい航空用二本、威力大の水上艦用二本の命中が確認されている。加えて沈没寸前の〈ビスマルク〉にとどめをさすために、巡洋艦〈ドーセットシャー〉から二本の魚雷が発射され、これが命中した。ただしこの時すでに彼女は転覆しており、沈没は時間の問題となっていたようである。
また多くの戦艦対戦艦の戦いにおいて、一六インチ砲（大和級をのぞけば最大口径の艦載砲）弾の命中を受けたのは、この〈ビスマルク〉と第三次ソロモン海戦三日目に沈んだ〈霧島〉だけである。
巨大な一六インチ砲弾の威力は、一トン爆弾に等しく、これが一〇発以上命中したのであれば、いかに堅艦といわれた〈ビスマルク〉でも耐えられなかった。なお姉妹艦〈ティルピッツ〉は、六トン爆弾三発を食らい、その衝撃で転覆している。
これらの事実から、すでに戦艦という大海獣の歴史が、終わりに近づいたことがわかる。いかに巨艦であっても、数の多い敵艦、そして数百の敵機の前では、生き延びることはできないのであった。

〈ローマ〉

イタリア海軍の新鋭戦艦ビットリオ・ベネト級の三番艦〈ローマ〉は、休戦後連合軍に降伏し、指定された海域に移動中に沈没した。

三万八〇〇〇トンを超す巨艦を海中に沈めたのは、ドイツ軍の誘導爆弾二発である。この爆弾の破壊力は一トン爆弾に相当すると思われるが、致命傷となったのは二発目で、これが砲塔の装甲を貫通して、弾薬を誘爆させた。

こうなってはいかに新鋭戦艦といえども、耐えられるものではない。しかしその一方で、同じ誘導爆弾の命中を受けたイギリスの旧式戦艦〈ウォースパイト〉は、大破したものの沈まなかった。

これがイタリアとイギリスの戦艦の防御力の差にあるのか、それとも戦闘には付きものの〝運〟にあるのか、不明のままである。

なおこれまで記した日本四隻、イギリス四隻、ドイツ二隻、イタリア一隻、計一一隻以外に、スリガオ海峡海戦の〈山城〉〈扶桑〉、ケビル港における〈ブルターニュ〉の例を取り上げねばならないが、いずれも省略する。

その理由としては、対象となる戦艦があまりに旧式であり、また戦闘が一方的であることが挙げられる。

また戦艦を撃沈するためのもっとも有効な兵器は魚雷であることは言を待たないが、これには多くの種類があり、また威力にも大差がある。

一例を挙げておくと、

●イギリス海・空軍の航空機搭載型
直径一八インチ（四六センチ）、爆薬一八〇キログラム
●各国の潜水艦搭載型
直径二一インチ（五三センチ）、同三四〇キログラム
●標準的な水上艦搭載型
直径二一インチ（五三センチ）、同三八〇キログラム
●日本海軍の水上艦搭載型
直径二四インチ（六一センチ）、同四二〇キログラム

であって、航空魚雷と軍艦が発射する魚雷との威力は大きく異なっている。

ただし日本、アメリカ海軍の航空魚雷は、潜水艦用のものと、ほぼ同等となっている。

これらをまず確認してから、それぞれの戦艦のダメージを見ていくことにしよう。

ダメージの分類

すでに述べたとおり、戦艦――大海獣の死に様はまさに多種多様で、なかなか比較するのが難しい。それを承知で、いくつかの事実をまとめてみる。

○標準的な戦艦の場合、大型魚雷四本（あるいは航空用魚雷五本）によって致命的な損傷を受ける。このような攻撃になんとか耐えられるのは、大和級、ビスマルク級のみと考えて良い。

○近代的な大戦艦を爆弾だけで撃沈することはまず困難である。空母艦載機が運べる二五〇キロ、五〇〇キロ爆弾では、あきらかに威力不足と思われる。

○砲弾で戦艦を沈めようとすると、かなりの数の大口径砲（一六インチ以上）弾が必要で、その数も一〇発以上となろう。ただし、巡洋戦艦の脆弱性は第二次大戦でもたびたび証明されている。ドイツのシャルンホルスト級は、防御力から見るかぎり〝戦艦〟に分類すべきである。

○アメリカの戦艦の防御力については、第一次、第二次大戦を通じて、真珠湾の六隻をのぞくと戦没艦がないので、なんともいえない。しかし米空母の防御力は、同じ排水量であれば日本のそれよりずっと強靱であった。この事実から推測すると、アメリカの戦艦はきわめて沈みにくかったと思われる。防水区画が多く、装甲が厚いといったことに加えて、損傷からの回復性、いわゆるダメージ・コントロールという考え方が徹底していた。また被弾、被雷時の影響を極力少なくするため、ボイラー室の防御が日英のそれより数段優れていたようである。

前述のごとく、乗員を含めた本当の意味でもっとも〝タフな戦艦〟を選ぶとすると、間違いなく日本海軍の〈武蔵〉となる。大和級三隻に採用された船体の〝蜂の巣構造〟は、たしかに沈没までの時間を大幅に長びかせることに成功していた。

また連合軍の側から一隻を選ぶとすると、イギリス海軍のクイーン・エリザベス級二番艦〈ウォースパイト〉が挙げられよう。同艦は一九四三年九月十六日、イタリア半島沖合でドイツ空軍の攻撃を受けた。

このさい、戦艦〈ローマ〉を沈めたものと同じタイプの誘導爆弾フリッツX二発が命中した。一発は艦首部に当たりこちらの方の損傷は小さかったが、第二発目は甲板を貫き、船体のもっとも重要な部分である機関室で爆発している。

大量の浸水がはじまり一時は艦体の放棄まで検討されたが、乗組員の必死の努力で、なんとかこのベテラン戦艦は生きながらえたのである。

同じ爆弾が二発命中しながら、イタリア海軍の新型戦艦〈ローマ〉は沈み、イギリス海軍の旧式戦艦〈ウォースパイト〉は沈まなかった。この最大の違いは、フリッツXの命中個所にあるのだろうが、乗組員のダメージ・コントロールの技術にも差があったに相違ない。

さて、それぞれの戦艦の防御力を正確に把握するのは不可能である、という事実は、これまで述べてきた多くの実例によって理解される。しかしその一方で、排水量の大きさ、建造

ビットリオ・ベネト、ローマ

後の経過年数、防水区画の数、ダメージ・コントロール技術の優劣により、一応の目安を定めることはできそうだ。
また、防御力を数値で示そうとする試みも、魚雷、爆弾の炸薬の量、衝撃エネルギーなどを調べていけば不可能ではない。しかしそのためには、この面の検討、分析のみで一冊の本ができるほどの量となろう。
そこで簡単に防御力の大きさを、戦例を参考にして記すにとどめる。
乗組員の訓練の程度が同じであると仮定すれば、大和級とアイオワ級がほぼ等しく、次にビスマルク級がこよう。
このあとには各国の新戦艦が横ならびとなるであろう。
アメリカのサウスダコタ級
イギリスのキング・ジョージ五世級
フランスのリシュリュー級
イタリアのビットリオ・ベネト級
しかしこれに――主砲口径はかなり小さいが――ドイツのシャルンホルスト級が加わる。
また単なる〝打たれ強さ〟という点になると、低速ながら重装甲の日、英の準旧式一六インチ砲戦艦長門級、ネルソン級がかなりの粘りを見せるだろうが、このクラスの四隻は戦闘による戦没艦を出していないので、正確な評価は困難である。
同じことがアメリカの一六インチ砲戦艦群〝ビッグファイブ〟についても言える。

一般的に見て、保有する軍艦がタフなのはアメリカ、ドイツと思われる。前者はダメージ・コントロールの見事さで、後者は建艦技術の素晴らしさで、かなりの損傷を受けても極めて沈みにくい。

このことは現在の建艦、造船技術者にとって重要な指針を残している。現代の軍艦は、航空母艦を除けば、そのほとんどが排水量一万トン以下である。となれば、いかに沈みにくい軍艦を設計したところで、その防御力には限界がある。

したがって真剣にそれぞれの艦の生き残りを考えるなら、次の二点に力を注ぐべきであろう。

一、敵のミサイル、砲弾、爆弾が当たらぬようソフト・キル技術を重要視すること。

二、もし損傷を受けたときの、ダメージ・コントロール技術の物理的、人的向上をはかること。

これが、現代の軍艦の生き残り率（生存率・サバイバビリティという）を高くするのである。筆者はイージス艦四隻、ヘリコプター搭載護衛艦八隻を基幹とする自衛艦隊の、この面からの検討が十分なされていると信じたい。

第5章　三つの項目とその検討

この章では、戦艦に関して主題とはならないものの、気にかかる三つの項目を挙げて検討する。

それらは、まず、なんとも去就がはっきりしなかったソ連海軍の三隻の戦艦の動向、次にこれを戦艦と呼んで良いのかどうか判断に迷うドイツ海軍の〝ポケット戦艦の実力〟、そして、結局実現しなかったアメリカのアイオワ級と日本の〈大和〉の対決である。

いずれも第二次大戦の海戦史に主要な足跡を残すような項目ではないが、それらに触れぬまま記述を進めるのは気掛かりである。したがって、本格的な検討には至らないが、一応これらの三つのテーマに取り組んでみたい。

ソ連海軍とその戦艦の実力

ここではこれまでほとんど知られていない第二次大戦時のソ連海軍の兵力と、戦艦について述べる。

まず全兵力であるが、当時ソ連の軍事力について西欧諸国にはまったく情報が流れなかった。現在でも当時の正確な艦艇数はつかみにくい。しかし数点の西欧、ソ連の資料から次のような数字を知ることができる。

艦艇数　六〇〇隻（大戦中に一〇〇隻増強）
兵員数　約三万三〇〇〇人（大戦中に二万人増加）
総トン数　約一八万トン（大戦中に四万トン増加）

またソ連海軍には次の特徴が見られる。

○地理的な面から四つの方面艦隊に分けられ、主力は黒海艦隊とバルト海艦隊である。
○他の六大国と違って近代的な戦艦は建造できなかった。

○巡洋艦は他国と異なり七インチ砲を搭載しており軽、重巡の区別がない。
○潜水艦の保有数が多く二〇〇隻を超える。

さてソ連海軍の大戦中の各艦艇の活動状況だが、信じられないほど不活発であった。この理由は、同国の最高会議が一九三九年末、巡洋艦以上の大型艦の建造中止を決定したこと、同時に保有している大型艦の損失を極度に恐れたことによる。従って戦闘による艦艇の損失は非常に少なく、

○戦艦一隻大破着底
○巡洋艦の損失なし（大破一隻）
○駆逐艦一五隻沈没

程度となっている。それも敵の水上艦との交戦ではなく、もっぱらドイツ軍航空機の攻撃によるものである。

一九四一年六月の独・ソ戦争開戦時、ソ連の戦艦で現役にあったのは三隻であるが、同国の特殊な国情により、各艦が二回ずつ改名しており、それだけではなく、再び元の名前に戻っているので、呼称の混乱を引き起こしている。

一、ペトロパブロフスク（都市名）↓マラート（人名）↓ペトロパブロフスク
二、ガングート（人名）↓オクチャブルスカヤ・レボルチヤ（〃十月革命〃の意）↓ガングート

ガングート、セバストポリ

三、セバストポリ（軍港の名）→パリジスカヤ・コンミュナ（〝パリ・コンミューン〟の意）→セバストポリ

という具合である。

これらの三隻はいずれも一九〇九年（明治四十二年）六月起工、一九一四〜一五年にかけて完成した旧式艦であり、主砲は一二インチL52である。そして他国の戦艦のように大規模な改装を経ずして大戦を迎えた。

したがって、もしドイツ、イタリアの戦艦と相まみえることがあれば、ソ連艦隊に勝利の見通しはまったくなかった。一応対等に戦えるのは、ドイツ海軍のシュペー級のみであろう。

それにしても速力が二〇〜二二ノットでは、有利な交戦はとうてい望めない。もっとも後期には機関を改造し、二三ノットが可能であったとされているが、同時代に建造された日本海軍の金剛級などとは、比較にならぬほど弱体である。

三隻の戦歴はあまり目立たないが、〈ペトロパブロフスク（マラート）〉は一九四一年九月二十三日、クロンシュタット軍港内で独急降下爆撃機の攻撃を受け、一トン爆弾二発が命中、沈没している。

そのままスクラップにされたという情報が長らく信じられてきたが、近年のソ連戦史によると、同艦は引き上げられ、一九四四年末には戦列に復帰したことになっている。しかもこの戦艦は、陸軍支援の作戦には大活躍し、合計一二門の一二インチ砲は、数十回にわたる陸上砲撃を実施している。

ソ連戦史のあるものは、この行動を高く評価しているが、これが事実か、またあまり活動しなかった海軍を弁護しているのか、疑問を生ずる部分である。

いずれにしても、ソ連軍においては大戦中の主力は陸軍で、海軍は脇役でしかなかったことは周知の事実である。その一方でソ連海軍は、一九三九年にはまったく新しい大戦艦を建造中であった。

これこそ一六インチ砲九門を搭載した三万五〇〇〇トン級の二隻、〈ソビエツキー・ソユーズ〉と〈ソビエツカヤ・ウクライナ〉であった。

それではこのソビエツキー・ソユーズ級にスポットを当ててみよう。これらの二隻は他国の計画艦、たとえばアメリカのモンタナ級、イギリスのライオン級、ドイツのH、H42級、日本のB65級などと異なり、実際に建造に着手していた。

一九四〇年秋に建造中止となるまでに、工事量は両艦とも三〇～四〇パーセントを消化しており、船体の完成間近であった。

また、ドイツ軍偵察機が撮影したものだが、写真も数点残っており、巨艦のレイアウトも判明している。日本の一部専門家の中には、当時のソ連の造艦技術では完成は困難との意見もあるが、筆者は完成し得たと考えている。

理由は、ソ連という国の軍事潜在力の評価にあり、他国が開発できなかった種々の技術（たとえば戦車用高出力ディーゼル・エンジン、重装甲地上襲撃機など）も自力で開発に成功している。

1門の威力数624、副砲：なし、他：75mm砲×4門、装甲：最高厚さ9インチ、水線ベルト9インチ、速力：23ノット、航続距離：16ノットで4800海里、出力排水量比：1.70馬力／トン、乗員：最大1130名、主砲の配置：3連装砲塔各1基を前・中・中・後部に配置、同型艦名：ガングート、ポルタワ（大戦前に火災により除籍）、セバストポリ

艦名：マラート（戦艦）、国名：ソビエト、ガングート級2番艦、同型艦数4隻、起工：1911年2月、完成：1914年6月、近代化改装完成：1934年、排水量：基準24600トン、満載33100トン、寸法：全長×全幅×吃水：183m × 27m × 8.4m、機関：缶数12基、蒸気タービン4基、軸数：4、出力：4.2万馬力、主砲：12インチ30.5cmL52砲× 12門、

前述の中止決定がなされず、ドイツ軍の侵入がなければ、一九四三〜四四年にソビエツキー・ソユーズ級は誕生していたであろう。そうなれば必然的に、ドイツ海軍の最新鋭戦艦〈ティルピッツ〉対〈ソビエツキー・ソユーズ〉の対決も、かなり高い確率で発生したはずである。

ドイツ海軍のポケット戦艦の実力

ベルサイユ条約の落とし子

第一次大戦で敗れたドイツは、再軍備の許可が下りると同時に、不思議な軍艦を建造しはじめた。

対象となるのは、ドイツ海軍のシュペー級の三隻、つまり〈ドイッチュラント〉のちに〈リュッツオー〉と改名、〈アドミラル・グラーフ・シュペー〉〈アドミラル・シェーア〉である。

本級の呼称は、最初ドイッチュラント級であったが、第一号艦が改名されてしまったので、最も有名な艦の名をとって、ここでは便宜上〝シュペー〟級と呼ぶことにする。

このシュペー級は、正式には〝装甲艦〟という意味のよくわからない艦種に分類されており、また〝小型戦艦〟という呼び方もある。しかし本級が公表されてからは「ポケットに入るような小さな戦艦」という意味から、一般的に〝ポケット戦艦〟と呼ばれはじめた。また〝豆戦艦〟とも言われる。

大戦中にイギリス海軍は、このポケット戦艦という言葉を正式に用いていた。一方、保有する側のドイツ海軍では、重巡洋艦として区分していた。

筆者はこの分類し難い小型の戦艦を「ポケット戦艦」の名のとおり、やはり巡洋艦ではなく、戦艦として扱うことにする。

大戦中の大型水上戦闘艦を分類するとき、小さすぎる戦艦がこのシュペー級であり、大きすぎる巡洋艦が一九四四年に登場したアメリカ海軍のアラスカ級（CB1および2）である。

第一次大戦の敗戦国ドイツには小規模の軍備が認められていた。海軍兵力についてもベルサイユ条約の「海軍項目」と呼ばれる部分を基本として、次のような制限が付加されていた。

○新しく建造する軍艦は、排水量一万トンを超えず、口径二八センチ（一一インチ）以上の砲を装備してはならない。

○巡洋艦については六〇〇〇トン、一五センチ砲を限度とする。

○航空母艦、潜水艦の保有は禁止。

ドイツはこの条約を厳守し、一九二一年に起工した軽巡〈エムデン〉は五六〇〇トン、一五センチ砲八門と条約の制限どおりであった。これに続いて軽巡〈カールスルーエ〉〈ケルン〉が誕生し、ドイツ海軍は徐々に戦力の整備に乗り出した。

そしてさらに排水量一万トン、備砲一一インチの制限を最大限に活用できる艦種の設計を開始し、その結果として生まれたのが、シュペー級三隻の〝ポケット戦艦〟であった。

一番艦〈ドイッチュラント〉の起工は一九二九年二月五日、進水は三一年五月十九日であり、その後二番艦〈シェーア〉、三番艦〈シュペー〉と計三隻が次々と新生ドイツ海軍に就役し、その中核を成した。

これら三隻のポケット戦艦は左記の特徴を備え、世界各国の造艦技術者と海軍戦略家に大きなショックを与えた。

それらについて簡単に解説すれば、

○一万トンの艦に口径一一インチという巨砲を六門装備したこと。それまでの各国の一万トン級巡洋艦の主砲は八インチである

○船体を電気熔接方式で建造したこと。この方式には長所短所があるが、大型艦としては世界最初の試みである

○推進機関に四基のディーゼル・エンジンを採用したこと。これまた実用艦としては最初である。この結果、最大速力はそれほど高くできないが、航続距離は非常に大きくなる。また、あまり知られていないが、ディーゼル・エンジンはボイラーを使用していないので、戦闘時の被弾による被害を小さくすることが可能である

といった点であろう。

本級の要目は完成当時、速力は二六ノット、基準排水量は一万トンという触れ込みだったが、実際には約一万二〇〇〇トンであった。六門の一一インチ砲は五二口径であり、当時の重巡の一般的な主砲である八インチ五〇口径と比べ、威力数は五七二対四〇〇と圧倒的に大きな威力を持っていた。

本級の速力については、二八ノットとするデータもあり、数値は混乱している。しかし本級の主機MANディーゼルは、当時としては世界最高の船用ディーゼル・エンジンであり、速力も少なくとも二七ノットは可能であったと考えるべきであろう。

公試（公式の試運転）では各艦とも二八ノット以上を記録している。

この性能によって、各国の海軍戦略は根本的な見直しを強いられた。

一九三一年当時の列強の戦艦の平均速力は二二ノット、速いものでも二五ノットであったから、ドイツを将来の仮想敵国と考えていたイギリスとフランスは困惑した。

なぜなら、ポケット戦艦を撃沈しようと試みる場合、

〇三〇ノットが可能な重巡洋艦では、砲力が大きく劣る。

〇強力な大口径砲を装備する戦艦では、速力の差が大きく、捕捉することができない。

というジレンマが生ずる。

このようにイギリスが中心となってつくったベルサイユ条約の海軍項目が、きわめて始末に困る戦闘艦を生み出してしまったのである。

三隻のポケット戦艦が就役した時点において、これらを追跡し、沈めることができるのは、イギリスの巡洋戦艦〈フッド〉〈レパルス〉〈レナウン〉の三艦だけであった。

フランスはあわてて中型戦艦〈ダンケルク〉と〈ストラスブール〉の建造に取りかかった。

世界の海軍を驚愕させたシュペー級三隻の設計主眼は、通商破壊戦にあった。シュペー級の設計者は、もし次の戦争がイギリスを相手として勃発すれば、戦争の形態は前大戦と同様の形をとると考えていた。そしてその予想はほとんど的中したのである。

島国のイギリスを新大陸アメリカ、カナダから孤立させるには、その間を結ぶ海上通商路を完全に破壊しなければならない。また遠い英植民地からの海上交通路を断ち切るためにも、このポケット戦艦こそ最適の兵器であった。

さて、第二次大戦が開始されると、三隻のポケット戦艦は大西洋に乗り出し、計画どおり通商破壊作戦に従事した。

しかし全世界に網を拡げたイギリス海軍の締め付けは厳しく、ポケット戦艦による大掛かりな船団狩りのための作戦は、次の二回、行なわれただけに終わってしまった。

〈グラーフ・シュペー〉

一九三九年八月二十一日～十二月十三日。そして戦闘後自沈。戦果は商船九隻、約五万一〇〇〇トンを撃沈。

〈シェーア〉

一九四〇年十月二十七日～一九四一年四月一日。その後帰国。商船一六隻、約九万九〇〇〇トンを撃沈。

また英仏の巡洋艦隊に対して一一インチ砲の威力を誇ったシュペー級の三隻も、軍艦相手の戦闘は次のわずか二回にすぎなかった。

〈グラーフ・シュペー〉

一九三九年十二月十三日、ラプラタ沖海戦。これは巡洋艦三隻を相手にした本格的な戦闘である。

〈ドイッチュラント〉→〈リュッツオー〉

一九四二年十二月三十一日、バレンツ海海戦。

会敵のチャンスはあったが、〈リュッツオー〉には損害も戦果もなかった。したがって武装がきわめて貧弱な仮装巡洋艦との戦闘（一九四〇年一月五日の〈シェーア〉による英艦〈ジャービス・ベイ〉の撃沈）をのぞけば、三隻のポケット戦艦が敵側の戦闘艦と本格的に交戦したのは、ラプラタ沖海戦のみである。

この海戦については多くの資料が入手できるので、ポケット戦艦の戦闘能力を分析しよう。

ラプラタ沖海戦の経過

このラプラタ沖海戦の発生までの経過、そして会戦となった時の状況は簡単である。

ウィルヘルムスハーフェン軍港を出撃した〈シュペー〉は、九隻の商船を撃沈したあと、南アメリカ大陸の東岸沖でハーウッド代将の率いる三隻の英巡洋艦と相まみえたのである。〈シュペー〉の艦長ラングスドルフ大佐にしてみれば——作戦の目的が商船攻撃であるので——できれば敵の軍艦との交戦は避けたかった。

しかし英部隊は次々と商船を沈めている〈シュペー〉を撃滅することが任務であり、会敵と同時に果敢に攻撃を開始した。あらかじめ打ち合わせてあったとおり、英重巡〈エクゼター〉は単艦で南より、軽巡〈アキリーズ〉と〈エイジャックス〉は北よりペアで接近する。

一九三九年十二月十三日、南半球の真夏の一日であり、天候は晴れ、波高は一メートル。

そして午前六時十七分、〈シュペー〉の一一インチ砲が火を噴く。

○ドイツ側　威力数など前述

ポケット戦艦〈シュペー〉　一万二一〇〇トン

一一インチ砲×六門、五・九インチ砲×八門（五・九インチ単装砲は、片舷に四門ずつ装備されている）

○イギリス側

重巡〈エクゼター〉　八四〇〇トン

八インチ砲×六門、威力数四〇〇×六、一斉射量七二六キロ

軽巡〈アキリーズ〉

〃　〈エイジャックス〉共に七〇〇〇トン

六インチ砲×六門二隻、威力数三〇〇×一二、一斉射量四一〇×二＝八二〇キロ

合計すると　一斉射量　威力数
ドイツ艦一隻　二一四〇キロ　四六三二
イギリス艦三隻　一五四六キロ　六〇〇〇
（各艦の魚雷兵装については、このさい無視する。実際の戦闘になんら影響を与えなかったからである）
本項については、可能なかぎり正確をきすため〈シュペー〉の副砲（五・九インチ砲）の能力も算入した。
これらの数値と状況を把握したのち、読者諸兄に次の質問をすることをお許し願おう。もし、どちらかの側の指揮をとらねばならないとしたら、英（ハーウッド代将）、独（ラングスドルフ大佐）のどちらの立場を選択するであろうか？
他の多くの海戦と異なり、この場合の状況は極めて単純である。付近の海域にはこの四隻の軍艦しか存在せず、航空機の介入もない。海戦は晴天の朝早くはじまっているので、夜戦となる可能性は皆無である。近くの国々は皆、中立国でどちらの側にも味方しない。
筆者自身はどちらの指揮を選択するのか？　という読者からの当然予想されるご質問には、のちほどお答えするとして、戦闘の経過を追って行こう。
十二月十三日早朝、といっても、南の太陽はすでに海面を白く照らしていた。ゆったりとしたうねりを切り裂いて、三隻の巡洋艦は自艦の砲を有効に使用するため、損害を恐れず接近する。

〈シュペー〉の初弾発砲は六時十七分、同二十分に英軍も応射を開始。晴天、微風の中、四隻の軍艦は白波を立てて疾走する。時々、発砲の轟音が響き、透明な大気を黒煙が汚して行く。

このあと一時間半にわたった海戦の模様は、数々の書物に記述されている。中でも最良のものはD・ポープ著『ラプラタ沖海戦』である（日本語版・早川文庫）。

では戦闘終了後の両軍の損害を調べてみよう。

○〈シュペー〉

直撃弾約二〇発、そのうちの七割が軽巡からの六インチ砲弾。他に有効な至近弾二八発。戦死者三七名、負傷者五七名。

○重巡〈エクゼター〉

被命中弾数七発、前部砲塔二基とも使用不能。前部に七〇〇トン程度の浸水。一部に火災発生。一時操艦不能となる。戦場離脱。戦死者五三名、負傷者二二名。

○軽巡〈アキリーズ〉

一一インチ砲弾少なくとも三発直撃、後部二砲塔損傷、後部マスト折損、五・九インチ砲弾四発命中。戦死者七名、負傷者一七名。

○軽巡〈エイジャックス〉

司令塔付近に直撃弾一発、他に至近弾二発、五・九インチ砲弾命中三発。戦死者四名、負傷者七名。

午前七時四十分、大損害を受けた〈エクゼター〉は、一〇ノット以下の低速でフォークランド諸島へ向かう。ところが驚いたことに、〈シュペー〉も煙幕を展開し、砲戦を打ち切るのである。

このあとの史実は有名で、〈シュペー〉は、逃げるように中立国ウルグアイのモンテビデオ港に入港する。そして十二月十七日、乗員をドイツ貨物船に移したあと、自沈するのである。

〈シュペー〉がなぜ自ら沈まねばならなかったか、という分析は本書の主旨とは無関係であるから、他の資料にまかす。

結局、海戦時の損害の大きかったイギリス海軍は、そのあと苦労もせず、敵の戦艦一隻を沈めたことになり、勝利がどちらの側にあったのか、誰の目にも明らかであろう。

さてこの海戦で見る限り、シュペー級の攻撃力、防御力は極めて大きかったと思われる。

戦死者の数は、独三七名、英五三名で差は大きい。しかも全乗組員数に対する割合で考えれば、〈エクゼター〉53／650、〈シュペー〉37／1130となる。

また戦闘が終了した段階で、〈シュペー〉はすべての一一インチ砲が使用可能であったのに対し、英艦隊の主砲は、

〈エクゼター〉六門中二門が使用可能

アドミラル・グラーフ・シュペーの最後、アドミラル・シェーア

〈アキリーズ〉　六門中二門が使用可能
〈エイジャックス〉　六門すべて使用可能
といった状況であった。

この場合のイギリス側の戦闘力は戦闘開始時の半分まで落ちている。もちろん消費した砲弾量、被弾状況などを両軍等しいとしたラフな計算ではあるが……。

これらの結果から見るかぎり、ポケット戦艦がその実力を出し切れば、八インチ砲巡洋艦（ただし砲数六門程度の）二隻を相手にできる、というひとつの論拠にもなる。

この海戦でもドイツ海軍は〈ビスマルク〉の第一合戦の時と同様、砲戦を打ち切るべきではなかった。ほとんど動けなくなっている〈エクゼター〉に接近し、この重巡だけでも撃沈すべきであった。

交戦を打ち切った幾つかの理由を推測することは簡単である。しかし、生きるか死ぬかという戦場において、勝利を得んとする者は、情勢が有利となったら徹底的に敵を撃破し、また不利の場合にも簡単には負けない、といった戦意が必要であろう。

ラプラタ沖の海戦において、数日すれば味方の来援が得られる英軍と、その望みのまったくない独軍との立場を考えれば、〈シュペー〉のラングスドルフ艦長としては、捨て身の攻撃を敢行すべきであった。そして、その勝利のチャンスはすぐ目の前にあったのである。

明らかに苦戦であったはずの戦闘において、終局的な勝利を手に入れたイギリス海軍の意気は大きく上がった。そしてそれは、多少のずれはあっても、大戦中最後まで低下することはなかったのである。

さて筆者は前述の質問に答えよう。

砲力の不足は感じるものの、やはり英艦隊の側をとる。理由を詳細に述べるスペースはないが、英ハーウッド代将の言葉「勇敢な猟犬の群れは、どのような大きな熊でも駆逐することができる」は十分に説得力を持つ。

具体的には、海戦において複数の敵艦に分火する場合、その精神的不安はきわめて大きいと思われるのである。

ここでは視点を変えて、ポケット戦艦と排水量のほぼ等しい、同じドイツ海軍の艦艇との比較を行なうことにしよう。

対象となるのは重巡洋艦ヒッパー級である。この八インチ砲巡洋艦は、日本海軍の妙高、高雄級とほぼ同等の性能を持っていた。

○〈シュペー〉

約一万二〇〇〇トン、一一インチ砲×六門

速力二七ノット、航続距離一〇ノットで一万九〇〇〇海里

○〈ヒッパー〉

力数570、副砲：6インチ砲×８門、他：8.8cm砲×３門、飛行機×２機、装甲：最高厚さ5.5インチ、水線ベルト3.1インチ、速力：26ノット、航続距離：10ノットで21500海里、出力排水量比：4.55馬力／トン、乗員：最大920名、主砲の配置：３連装砲塔１基、前・後部とも、同型艦名：ドイッチュラント（リュッツオー）、アドミラル・シェーア

艦名：アドミラル・グラーフ・シュペー（ポケット戦艦）、国名：ドイツ、ドイッチュラント級3番艦、同型艦数3隻、起工：1931年2月、完成：1936年1月、排水量：基準12100トン、満載15900トン、寸法：全長×全幅×吃水：186m×21.7m×7.4m、機関：ディーゼル8基、軸数：2、出力：5.5万馬力、主砲：11インチ28cmL52砲×6門、1門の威

約一万四〇〇〇トン、八インチ砲×八門
速力三二ノット、航続距離二〇ノットで六八〇〇海里
である。
一言で両艦を表現すれば、
〈シュペー〉は重量級の長距離ランナー
〈ヒッパー〉は中量級の短距離スプリンター
ということであり、六年の歳月をおいてドイツ海軍が、ほぼ同じ排水量ながらまったく異なる性格を持った艦を建造したことは興味深い。
もし〈ヒッパー〉が日本の重巡高雄級のように、八インチ（二〇センチ）砲一〇門を装備すれば、あらゆる面でポケット戦艦に匹敵したであろう。だが基準排水量一万四〇〇〇トンを有しながら、主砲が八門では、明らかに攻撃力は〈シュペー〉に劣る。現に高雄型四番艦の〈摩耶〉の基準排水量は一万一三五〇トン（新造時）で、ヒッパー級より二〇パーセント程度少ない。
伝統的にドイツ海軍の戦闘艦は、攻撃力よりも防御力を重視していた。もしラプラタ沖海戦で、〈シュペー〉の代わりに〈ヒッパー〉が交戦していたら、英艦隊はより楽な戦闘になったはずである。とすれば、一九三一年の段階で建造されたシュペー級三隻は、極めて高い評価を受けるべきであろう。
このように、一万四〇〇〇トン級のまったく性格の異なったドイツの二艦を見て行くとき、

残念に思われるのは、この二隻がペアで参加した一九四三年十二月のバレンツ海海戦の結果である。六隻の駆逐艦とともに、五隻の駆逐艦、六隻のコルベットにエスコートされた英船団JW－51B一五隻を襲撃したシュペー級の〈リュッツオー〉と〈ヒッパー〉は、一隻の商船も沈めることもできなかった。

ポケット戦艦、重巡、大型かつ最新鋭の駆逐艦六隻からなるドイツ艦隊は、小型の英駆逐艦五隻によって船団への接近を完全に阻止され、来援した軽巡洋艦二隻により簡単に追い払われ（撃退された、という表現よりも、こちらの方が現実に近い）てしまった。

もしこのバレンツ海海戦が、ドイツ海軍の計画どおりに実施され、〈リュッツオー〉〈ヒッパー〉の能力が十分に発揮されていれば、これはシュペー級、ヒッパー級比較の絶好の資料となっていたであろう。

このような見方に立てば、軍艦建造史に特異な位置を占めるポケット戦艦は、用兵者、運用者の不手際により、十分に実力を発揮しないまま消滅したといってよい。

それはまた、ドイツ海軍の大艦〈グナイゼナウ〉〈ティルピッツ〉にも相通ずるものであった。

〈大和〉対アイオワ級戦艦の対決

実現しなかった夢の対決

ここでは〝戦艦〈大和〉の沖縄突入〟と、それにともなう〈大和〉対アイオワ級の決闘について考察する。これは明治以来営々と築き上げてきた日本海軍の、最後の組織的な作戦であった。

この作戦「菊水一号」では、ごくわずかながら、史上最大（最強という形容詞はあえて使用しない）の戦艦〈大和〉と、真の意味で最新（これまた最強とは言い得ない）の戦艦アイオワ級との交戦のチャンスが生じたのである。

結局、〈大和〉が航空攻撃により壮途途中で沈没してしまい、この大海獣同士の死闘は実現せぬままに、七〇年の歳月が流れた。しかし艦艇に愛着を持ち続ける人々にとっては、大和級とアイオワ級の砲戦の結果（もっと単純には、どちらの艦が強いか）はなんとしても知りたいところである。

その証拠にアメリカ海軍の協会誌（アメリカ・ネイバル・インスティテュート刊『プロシーディング』誌）の一九八三年七月号にも「〈大和〉〈アイオワ〉の対戦」という論文が載っているほどである。

この研究は海軍軍人という専門家によるものなので、射撃指揮レーダー能力の分析が中心となっている。もちろん〈大和〉の一八インチL45砲、〈アイオワ〉の一六インチL50砲の威力比較、また両艦の装甲の防御能力にも触れている。

結論としては、戦艦としての能力はほぼ等しいが、射撃用レーダーの能力に大幅な差があるので〈アイオワ〉有利と判断しているようである。

さて我々艦船ファン、エンスージアストとしては、専門家よりももう少し簡単に二頭の大海獣の実力を検討したい。

「〈大和〉対アイオワ級」は、もはや絶対に実現不可能な対戦であるから、いかに多くの資料、情報を集めたところで、真実は不明のままである。したがって〝どちらが強いか〟という判断は研究者、読者が与えられたデータから独自に行なえばよい。

そこで本筋に入るまえに、筆者の意見を異論を承知で述べよう。

まず〈大和〉とアイオワ級を比較して「どちらが強いか」ということよりまえに、「どちらが近代的な戦艦として優れているか」という命題を考える。そしてその命題に関する解答として、筆者はためらわず〝アイオワ級〟と答える。

理由は数々あるが、その最大のものは〈大和〉の機関出力が、近代的戦艦としては明らかに不足である事実が挙げられる。

ソ連を除く六ヵ国の新戦艦の機関出力と排水量の比、および速力を見ると、

		出力排水量比（馬力／トン）	速力（ノット）
独	ビスマルク級	三・三一	二九・〇
仏	リシュリュー級	四・〇三	三二・〇
伊	ビットリオ・ベネト級	三・二八	三一・四
英	キング・ジョージ五世級	二・八九	二九・〇
米	アイオワ級	四・三七	三三・〇
日	大和級	二・二一	二七・〇
	平均	三・三五	三〇・二

となる。

〈注〉出力排水量比とは、排水量一トンを動かすのに使用可能な出力（単位は馬力）。

右記の数字で見るかぎり、真の意味での近代的な主力艦は、出力排水量比が〝三・〇〟以上、

最大戦闘速力が三〇ノット以上という値が絶対的に必要である。

このように見ていくと〈大和〉の機関出力は完全に不足気味である。

一応前記の新戦艦の出力を調べてみよう。

ビスマルク級　一五・〇万馬力
リシュリュー級　一五・〇
V・ベネト級　一二・八
K・G・5級　一二・五
アイオワ級　二一・二
大和級　一五・〇

となっている。

もちろん出力の試験方法、表示の仕方は各国によって異なるから、いちがいに比較はできない。しかし大和級の排水量は他の戦艦と比較して、一五ないし二〇パーセントも大きいのであるから、出力は少なくとも二〇万馬力が必要であった。

これが六級の中で、出力排水量比（速力も）がもっとも小さくなっている理由である。したがって〈大和〉の運動性能もかなり劣ると言わねばならない。

特に速力は戦闘時に敵弾を避け得る重要な手段であるだけでなく、機動部隊（高速空母群）と共に行動できるかどうかの基準となる。設計、建造開始の歳月が新しいだけに、アイオワ級四隻こそ歴史上「最良の戦艦」と評価すべきである。

その実力の比較

さて次の命題「どちらが強いか」に対する解答は、戦闘時の条件による、と答えるのが正解であろう。

晴天時に、種々の条件から中間距離で交戦すれば〈大和〉が多少有利（命中率が同等となり、砲弾の威力大が理由）、気象状況が悪い場合、また遠距離砲戦となれば〈アイオワ〉が圧倒的に優勢（射撃指揮装置の能力大）といえる。しかし極言すれば、どんな気象条件でもほぼ同じ能力を発揮できる〈アイオワ〉が〈大和〉より〝強い〟ことになるであろう。

兵器の優劣は本稿の目的とは反するが、数値で表わすことができないところにも影響されるようである。

この観点からは、戦争というものを冷静にとらえて、ＯＲ（Operations Research）などという、決して数値化できない用兵体系を生み出したアメリカ、イギリスという国の潜在力に感心するばかりである。

前置きと私見に大切なスペースを消費しすぎた。

軽巡〈矢矧〉、駆逐艦八隻を従えて豊後水道から、戦いの終末を迎えようとする沖縄をめざす巨艦〈大和〉に眼を向けよう。

待ち構えるのは米海軍最新最強のアイオワ級、サウスダコタ級、ノースカロライナ級の戦艦九隻からなる第三十四砲撃支援部隊である。

ここからは史実と、一部に架空の出来事を交差させながら話を進めるとしよう。

昭和二十年三月末、アメリカ軍が「アイスバーグ」と名付けた沖縄攻略作戦が開始された。太平洋戦争開戦後三年半、初めての日本領土への進攻である。

前年のマリアナ、比島沖海戦に大勝したアメリカ海軍に加えて、ヨーロッパ水域からイギリス海軍も参加して、連合軍の総兵力は一二〇〇隻にのぼり、空母四二隻、戦艦一八隻、巡洋艦二五隻、駆逐艦二一〇隻が参加した。また参加人員は四五万を超え、上陸部隊の主力は陸軍四個師団、海兵隊三個師団、計一八万人である。

これに対する日本地上軍は義勇軍を含めて約一一万人。九州を基地とする陸海軍の二六〇〇機の特攻機が、敵艦船を攻撃する。

四月一日に沖縄へ上陸を開始したアメリカ軍は、無限ともいえる物量を投入し、しだいに日本軍を圧迫していった。これに対して日本地上軍の主力第三十二軍は勇敢に反撃したが、兵力、物量の差は明らかであった。

一方、体当たり攻撃を主体とする日本の基地航空部隊の反撃は、米軍上陸以前の三月二十五日から開始されていた。しかし本格的な攻撃は四月六日の「菊水作戦」からであり、初日には約二〇〇機が二〇波にわたって沖縄周辺海域の連合軍艦船を襲った。この航空攻撃の主役は海軍機であった。陸軍は沖縄戦よりも、夏から秋に実施されるはずの本土上陸作戦に備えるつもりであったからである。

海軍航空部隊の総力を挙げた反撃に呼応して、残存している水上兵力の主力をもって、沖縄の米艦隊を攻撃するプランが立てられた。この計画が「菊水一号」作戦であり、戦闘可能な状態にある戦艦〈大和〉、軽巡〈矢矧〉、駆逐艦八隻の参加が決定された。

もちろんこの弱小の艦隊が、総数一二〇〇隻に達する連合軍部隊を攻撃したところで、大した戦果は期待できないことは、誰にでも予想し得るところである。しかし出動可能な唯一の戦艦〈大和〉も、この機会を逃せば他の戦艦と同様、空襲により破壊される可能性が大であった。

また海軍航空部隊が全力を投入している沖縄戦を、水上部隊が座視しているわけにはいかなかった。

四月六日、最後の日本艦隊は、瀬戸内海を離れ豊後水道から九州の南端を通過し、沖縄へ向かう。艦隊は豊後水道を離れると同時にアメリカ潜水艦に接触され、翌四月七日正午から空母機の攻撃が開始された。

これらの米海軍機のパイロットたちは、前年のレイテ海戦で〈大和〉の姉妹艦〈武蔵〉を葬り去っているだけに、十分な自信を持っていた。これに加えて、あらゆる状況がアメリカ海軍に有利であった。

当日は雲が低く、対空砲火から身を隠すためにそれも有効に利用できたこと、艦隊をエスコートする日本軍戦闘機が皆無であったこと、そして日本海軍が、アメリカ軍が二年前から使用していたような、効果の大きな近接信管（マジック・ヒューズ、あるいはVT信管）付き高射砲弾を保有していなかったことなどである。

激しい訓練を重ねていた各艦の対空要員の技量は頂点に達しようとしていたが、それでも数波に分かれて攻撃を繰り返す米軍機を撃退するだけの力はなかった。従来型の高射砲、高射機関銃砲の威力には限界があったのである。

総数三八〇機に達する航空機の攻撃により、第一遊撃部隊と呼ばれた日本艦隊のうち、〈大和〉〈矢矧〉、駆逐艦四隻が沈没し、戦死者数は三〇〇〇名を超えた。

これに対してアメリカ海軍機の喪失は一〇機（他に損傷一八機）、搭乗員の死亡はわずか一三名にとどまっている。

前述のとおり〈大和〉を中心とする第一遊撃部隊の沖縄突入は、当時の人々にとっても不可能と思われていた。

上陸軍の援護を直接の任務としない米高速空母部隊（第五十八機動部隊）のみでも、空母一六（いずれも正規空母）、戦艦八、巡洋艦一六、駆逐艦四二隻という勢力であった。

これに加えて空母四、戦艦二隻（すでにおなじみの〈キング・ジョージ五世〉〈ハウ〉）、巡洋艦四隻、駆逐艦一一隻からなる英軍部隊も存在している。

〈大和〉の突入が成功する可能性は一パーセント以下で、それは沖縄周辺の海域に台風並みの低気圧がとどまり、丸二日以上荒天（それも空母機が飛行不能のような）が続くことだけであったろう。八月〜十月なら、そのような天候も期待できたであろうが、四月の初旬ではその可能性は皆無であった。

しかしその一方で、もうひとつ、第一遊撃部隊が敵艦隊と交戦するチャンスがあった。これはアメリカ戦艦部隊の司令部が、〈大和〉を砲戦で撃沈しようという強い希望を持っていたことによる。

つまり日本海軍最後の戦艦を、航空攻撃ではなく、アイオワ級の最新鋭戦艦（群）を使って仕留めたいとする要請を、戦艦部隊の司令部が、四月五日の時点でアメリカ海軍の上層部へ提出していたのである。

もちろん〈大和〉と交戦すれば、アメリカ戦艦も無傷では済まない。それにもかかわらず、戦艦部隊の指揮官からこのような強い要望が提出されたのは、次の理由による。

アメリカ海軍は、真珠湾以後一隻の戦艦も喪失していない。そしてこの沖縄戦には一六隻の戦艦を投入している。

そのうちの半数は、陸上砲撃に使用している旧式戦艦であるが、残りはノースカロライナ級、サウスダコタ級、アイオワ級の新型戦艦である。とくにアイオワ級は、〈大和〉の一八インチ砲を除くと、世界最強の一六インチL50（砲身長）砲を備えている。他の新鋭戦艦は、同じ一六インチでもL45砲である。

このアイオワ級は、

〈アイオワ〉 BB61 一九四三年二月就役

〈ニュージャージー〉 BB62 一九四三年五月 〃

〈ミズーリ〉BB63　一九四四年六月就役

と次々に完成しているのに、活躍の場はまったくなかった。

一九四四年六月のマリアナ沖海戦では、空母の対空護衛に終始し、数回対空砲を発射したのみに終わっている。

また一九四四年十月に発生した空前の規模を持つ比島沖海戦では、新鋭高速戦艦部隊は自分自身の責任ではないにしろ、屈辱的な行動をとらされることになった。

囮《おとり》役の日本空母部隊（小沢艦隊）をフィリピン北方で追いかけまわし、その結果五〇〇キロ以上も北へ釣り出されてしまった。翌日サマール沖における護衛空母群を救援するため、昨日走った五〇〇キロをまた引き返したのである。

史上最大の海戦で、アイオワ級三隻を主力とする六隻の最強戦艦は、ただ全速で五〇〇キロ北上し、翌日五〇〇キロ南下しただけで、大砲一発も撃つことなく、任務を終えてしまった。

戦艦群と一体となって北上した高速空母群が、いかに囮とはいえ、日本軍の空母四隻を沈めたのであるから、戦艦乗り組みの将兵の士気が低下したのもうなずける話ではある。

今、〈大和〉を撃沈する機会を逃せば、ドイツの降伏は目前であるから、アメリカ戦艦が敵戦艦と交戦するチャンスは完全に消滅してしまう。この事から、アメリカ高速戦艦部隊の指揮官、乗組員が、日本艦隊との砲戦を強く望んだ気持ちは十分理解できる。

それではこれらの事実を前提として〈大和〉と米戦艦群の対決を再現してみよう。

四月の初旬には珍しく、沖縄近海に大型台風なみの低気圧が発生し、そのまま停滞状態となっている。

強風が吹き荒れ、また激しい降雨のため航空機の飛行は不可能である。

このような、まさに〝天佑〟とも呼ぶべき気象状況を逃さず、〈大和〉〈矢矧〉以下駆逐艦八隻からなる日本艦隊は、豊後水道を抜け、波濤を切り裂きながら南へ向かう。行き先は激闘の続く沖縄本島であった。

史上最大の対決は？

史上最大最強の戦艦〈大和〉を迎撃しようとすれば、その主役は当然アイオワ級三隻となる。四番艦〈ウィスコンシン〉BB64もこの四月に完成しているが、まだ就役できるまでには至っていない。

アイオワ級の三隻の戦艦はノースカロライナ、サウスダコタ級と比較して、かなり大きな艦である。

全長二七〇メートルと〈大和〉の二六三メートルを上まわり、他の二クラスの基準排水量三万八〇〇〇トン、三万五〇〇〇トンを大幅に超える四万四六〇〇トンである。また軸馬力も〈大和〉の一五万馬力を四〇パーセントも上まわる二一万二〇〇〇馬力。したがって最大速力は公称三三ノット（公試では三二・七ノット）を発揮する。
主砲の威力数は、
〈大和〉　一八インチL45　八一〇
〈アイオワ〉　一六インチL50　八〇〇
でほぼ等しい。

それでは主砲の威力数を頭に置いた上で、架空の海戦を再現してみたい。軍事研究、演習でよく使われる『想定！』は次のようになる。

沖縄に殺到したアメリカ軍により風前の灯となった日本陸軍と、十数万人の民間人を救うため、世界最大の戦艦は二五ノットの速力で名護市の沖合めざして突進する。護衛の軽巡〈矢矧〉、駆逐艦八隻は、強風とそれにともなう高い波浪のため次第に遅れはじめていた。横なぐりの雨、低く垂れこめた雲が航空機の飛行はおろか、小型船の航行さえ許さぬような天候である。

沖縄本島から一〇〇海里ほど離れた海上で、偶然行き合ったアメリカの輸送船が、全身海水の飛沫に包まれながら高速で南下する幻のような巨大な艦影を発見し、報告する。

激しい風雨を避けて、伊江島の島影に漂白していたアメリカ海軍第五十八機動部隊の司令官M・ミッチャー中将は、この報告を聞き、さっそく対抗策を練る。本来なら二二隻もいる

アイオワ、ウィスコンシン

空母の艦載機（計一一六三機）によって〈大和〉を始末させるのであるが、この荒天では発着は不可能である。

となれば、機動部隊直属の第五十四任務部隊の戦艦を投入し、これを阻止する以外に手段はない。ミッチャーは幕僚と相談の上、次のような短い電文を、第五十四部隊のM・デイヨ少将に伝える。

“You take her.”

デイヨは麾化《きか》の戦艦九隻に日本海軍の大戦艦の迎撃を命じた。この九隻は最新鋭のアイオワ級三隻、ノースカロライナ級二隻、サウスダコタ級四隻である。

この海域にはほかにも、旧式戦艦〈テネシー〉など一〇隻、加えてイギリス海軍のキング・ジョージ五世級二隻がいるが、これらの戦艦の能力は、〈大和〉と比較してあまりに低い。

デイヨ少将の命令を受けた九隻の一六インチ砲戦艦は、高い波をついて北北西に針路をとる。沖縄近海の波高は五メートルをはるかに超え、数万トンの巨艦といえども動揺が激しい。

全長二七〇メートル、機関出力二一万馬力のアイオワ級三隻に対し、二〇七メートル、一三万馬力のサウスダコタ級、二二二メートル、一二万馬力のノースカロライナ級の六隻は、波浪の影響をまともに受けて速力が大きく低下している。

それらの仲間を尻目に〈アイオワ〉〈ニュージャージー〉〈ミズーリ〉は、優美な艦首で大波を切り裂き、人類が海上に生み出した史上最大の軍艦に向かっていった。

アメリカ側の初弾発砲、日本側の敵発見と同時に双方とも西に向け大回頭する。これは自艦の九門の主砲を全部発砲できるような態勢を得るのと同時に、東側には徳之島があるからである。

アメリカ側の初弾の弾着以前に、〈大和〉は巨体を傾けて九〇度旋回し、この動作によって命中をまぬかれた。

直進のコースにセットされた三〇秒後、〈大和〉は一八インチ砲九門を先頭の敵艦に向け初斉射を行なう。轟音と火焔が海面をゆるがす。このあとの戦闘の経過については、まったく予想がつかない。

しかしひとつの酷似した状況を海戦史の中からピックアップするとすれば、一九三九年十二月十三日、プレート河（ラプラタ河）河口付近で行なわれた独ポケット戦艦〈グラーフ・シュペー〉と英海軍の重巡一〈エクゼター〉、軽巡二〈アキリーズ〉〈エイジャックス〉の戦闘であろう。

もちろん交戦した日の天候、艦艇の種類もまた大きく異なるが、一対三という数、および一隻の側が卓越した攻撃力を有するという状況は、六年後の戦闘と同様である。

このプレート河の戦いと最も異なる点は、〈シュペー〉が戦闘から離脱しようとして、勝ちつつあった交戦を中止したのと比較して、〈大和〉の場合には常に全力を投入し、撃沈されるまで戦おうという姿勢であろう。

〈大和〉にとっては、たとえこの戦闘を打ち切って帰投したとしても、待っているものは、天候さえ回復すれば、空を覆って飛来する敵艦載機の攻撃である。そしてその攻撃に太刀打ちできないことは、すでに周知の事実である。

座して手も足も出ない敵により打ちのめされるのを待つか、大敵とはいえ、自分の能力を存分に発揮して戦うか、という課題に対する解答はいうまでもない。

さて、最新最強のアメリカ戦艦三隻対巨大戦艦〈大和〉の対決を分析するのは困難である。しかし互いの初弾発砲までの過程を想定しながら、その結果を記述しないのは無責任である。ここでも異論続出を覚悟の上で推測を押し進めよう。

まずアイオワ級の一六インチL50砲一門の威力数は八〇〇であり、〈大和〉のそれは八一〇。

共に装備している主砲の数は九門である。一斉射撃の威力（砲弾九発の威力）としては、〈大和〉は約一四パーセント、アイオワ級を上まわる。

また一斉射量は、アイオワ級の砲弾重量は一一七〇キロ（最大）、〈大和〉のそれは一四七〇キロであるから、一〇・五トン対一三・二トンとなり、二五〜二六パーセント〈大和〉の一八インチ砲が優る。

しかしこれに発射速度（ラウンド・R、初速ではなく単位時間当たりの発射回数）を算定すると次のようになる。

アイオワ級の発射速度一R／六〇秒、〈大和〉一R／九〇秒と考える。この発射速度は乗員の訓練の度合にもよるが、実戦においてはこの程度が最短であろう。したがって砲戦開始後一〇分の一斉射量は、アイオワ級一〇R／一〇五・三トン、〈大和〉七R／九二・六トンで、アイオワ級が有利である。

この数値を見ると、攻撃力にあまり差がないというのが実状である。重要な点は、いかに早く敵戦艦の中枢部に砲弾を命中させるか、ということになるであろう。

互いに一六インチ、一八インチという大口径弾だけに、命中する場所によっては一発で、集中射撃コントロール・システムが破壊される可能性が高い。

これは独戦艦〈ビスマルク〉の一五インチ砲弾一発を司令塔に受けた〈プリンス・オブ・ウェールズ〉が、その瞬間から正確な射撃を続行できなくなった事実でも理解される。

このあたりから同型艦三隻を揃えたアメリカ軍の優勢が明白となり得る。

ともかくほぼ同等な戦闘力を持つ戦艦が、三対一で戦うのであるから、時間が経過するにしたがって、数の多い方が有利となる。それを知っていればこそ〈大和〉は、できる限り接近して、一八インチ砲の威力を最大限に発揮すべきであろう。

例によって大胆に結論に進もう。

筆者――多分に我田引水ともいえるが――は日米各一隻の戦艦の沈没を考える。命中率を考慮すれば、〈大和〉は三基の砲塔を個別に敵の三隻に分火することはなく、全力を敵の先頭艦に向け、これを撃破する狙いである。ただしこの間、他の二隻の敵艦からの砲火を浴びざるを得ない。

〈ビスマルク〉の一撃によって撃沈した巡洋戦艦〈フッド〉と異なり、〈アイオワ〉は〈大和〉同様に本格的な〝殴り合い〟のためにつくられた戦艦である。

とすれば、三対一の比率は〈大和〉にとって重圧となろう。

もし戦神が〈大和〉に全面的に味方した場合、〈アイオワ〉撃沈、他に一隻中破という戦果を得る。より科学的には米艦一隻を撃沈、そしてアメリカのレーダー技術が荒天という状況で有利に働けば、撃沈はなく、一隻の中破のみという結果といえようか。

いずれの場合も〈大和〉は沈没ということになり、その最後は独戦艦〈ビスマルク〉、同巡戦〈シャルンホルスト〉の状況に似た形となるであろう。

少しでも対戦が長引けば、他の一六インチ砲戦艦六隻が戦場に到着するであろうから……。

こうして、日本海軍水上艦艇部隊は終末を迎える。しかし明治以来貧しかったわが国が、血のにじむような努力で作り上げてきた日本海軍の、最後の戦艦という艦種がこのような戦いによって消えて行くなら、〈大和〉という鋼鉄の巨獣も満足したに相違ない。

ともかく日本という国家が、将来にわたり七万トンという巨大な戦闘艦を建造することなど、永久にあり得ないと考えられるからである。

それでは心情的な考察から一歩進んで、より現実的な分析に取りかかろう。

〈大和〉対アイオワ級三隻の砲戦の勝敗は、一言でいえば火器管制システム（ＦＣＳ）の能力によって、簡単に決定してしまった可能性が強い。

前述のとおり、専門家グループの分析は、この一点に絞られる。これを筆者も含めて、ア

砲撃を行なうアイオワ、大和の最後

マチュアにもわかり易い形で説明する。〈大和〉が主砲の射撃システムとして、一五メートル測距儀（光学式）を主とし、副次的に二十二号電探を用いて照準するのに対して、アイオワ級は射撃用レーダーを有していた。このレーダーの威力がいかに大きなものか、なかなか数値には表わし難い。しかし日・米・英のレーダー技術の差は、次の事実によってアマチュアにも容易に理解できるはずである。最初の例として、すでに本書でも取り上げている「〈ビスマルク〉追撃戦」のさいのイギリス軍のレーダー性能について述べる。

舵をやられて動けなくなっている〈ビスマルク〉にとどめを刺すために駆けつけた英戦艦〈ロドネー〉と〈キング・ジョージ五世〉は、敵艦探知のためのレーダーを装備していた。瀕死の〈ビスマルク〉は、この二隻の巨艦に向け一五インチ砲をたびたび発射したが、英艦のレーダーは自分の方に飛んでくる砲弾の飛跡の一部をキャッチしている。

まだ砲撃に十分活用できるほどの性能には達していないが、イギリスのレーダーは、一九四一年五月（昭和十六年・太平洋戦争勃発の半年以上前）の時点で、

一、飛行機よりずっと小さく

二、音速とほぼ同じスピードで

飛んでくる砲弾をスクリーン上にとらえる程度に進歩していた。

次の例はそれから一年半たったバレンツ海の戦い（一九四二年十二月）である。

この海戦では、イギリスの船団をめぐって英巡洋艦二隻と独ポケット戦艦一隻、重巡洋艦

二隻が交戦している。

このとき英巡洋艦に装備されていた新型の水上目標用レーダーは、先の例よりまた格段に進歩していた。ドイツ海軍の一一インチ、八インチ砲弾の飛跡を完全にとらえ、かつそれが弾道計算器と直結されていて、落下地点を予測できるのである。

間に合うかどうか、それは別の問題であるが、落下地点をあらかじめ判断して、操艦（敵弾から回避するため）のアドバイスまで実施している。

この事実を知ると、日本海軍のレーダーと比較した場合、その能力に天と地ほどの違いがあることがわかる。接近してくる飛行機の編隊をやっと見つけ出す程度のレーダーと、小さな八インチ砲弾（直径はわずか二〇センチである）をとらえ、その飛跡までスクリーンに写し出すレーダーでは、勝負にならない。

アメリカ海軍のレーダーは、少なくともイギリスのものと同じ水準にあったと思われるから、これを射撃用に使用すれば、その精度は恐ろしいほどと言ってよい。

これに対して〈大和〉は、能力の低い電探（レーダーの意）と、光学的な測距儀しか使えないのである。

晴天、波静かな海面ならともかく、夜間、荒天であったなら、主砲の命中率は一〇対一以上の割合で米戦艦が有利と思われる。いかに大威力の一八インチ砲であっても、砲弾が相手に命中しなければ意味がない。

先に述べた専門誌『プロシーディング』が「レーダーの能力が勝負を決したであろう」と

する根拠は、このような実戦例からアマチュアが考えても納得できるのである。

結局、この大海獣四頭の死闘の勝敗は——軍艦そのものの能力ではなく——金網の化《ば》け物のようなレーダーの性能によって決まってしまった、と分析すべきであろう。

第6章

戦艦八一隻の履歴

八一隻の選択条件

本章では第二次大戦中に存在した主要な戦艦の履歴を、各艦ごとにまとめておきたいと思う。

表題に、〝八一隻の〟と書いたとおり、イギリス、アメリカ、日本、ドイツ、イタリア、フランス、ソビエトの七ヵ国に限っても、とり上げる戦艦の数は非常に多い。

そのため、ある条件（たとえば実戦に参加した、というような）を付けても、例外的なものが生まれてくる。もっと端的にいえば、

○本項ではあまりに旧式すぎて、分析の対象になり得なかった、ドイツ海軍の〝戦艦〟〈シュレスビッヒ・ホルシュタイン〉〈シュレジエン〉は、開戦直後、ポーランド沿岸の陸上砲撃を行なっている。

○フランス戦艦〈パリ〉のように、戦争勃発時にイギリスの港に行き、そのまままったく動かず、終戦まで停泊していた艦もある。この戦艦をフランスの兵力に算入するべきかどう

かは、わからない。

○また戦艦として扱うべきかどうか、判断に苦しむ艦、たとえば一五インチ砲（戦艦の主砲そのままである）を装備したイギリス海軍のモニター五隻などもある。

したがって筆者は、次のように戦艦数を決めてから、それらの艦について、簡単に履歴を記載することとした。

○イギリス　戦艦一七隻、巡洋戦艦三隻
　（モニター五隻は含めず）

○アメリカ　戦艦二七隻、大型巡洋艦二隻
　（練習戦艦は含めず）

○日　本　戦艦一二隻

○ドイツ　戦艦二隻、巡洋戦艦二隻、ポケット戦艦三隻
　（二隻の旧式戦艦を含めず）

○イタリア　戦艦七隻

○フランス　戦艦五隻、巡洋戦艦二隻
　（二隻の練習戦艦、未完成の〈クレマンソー〉は含めず）

○ソ　連　戦艦五隻
　（イギリスから貸与の〈ロイヤル・ソブリン〉そして改名後の〈アルハンゲリスク〉を含む）

結局七ヵ国の戦艦の総数は、

	最小数	最大数	うち新戦艦
英	二〇	二〇	五（戦後に一隻）
米	二七	二九	一二
日	一二	一二	二
独	四	九	四
伊	七	七	三
仏	七	九	四
ソ	四（プラス一）	四（プラス一）	〇
合計	八一隻	九〇隻	三〇隻

となる。

最後の〝近代的戦艦〟の意味は当然ワシントン、ロンドン条約後（ネイバル・ホリデイが明けたあと）の新戦艦を示す。この表を見るにつけ、第二次大戦中のアメリカの底力を如実に見せつけられた思いがする。

この八〇〜九〇隻の戦艦の中から、

○敵戦艦を沈めたもの
○敵戦艦に命中弾を与えたもの
○敵軍艦を沈めたもの

○敵軍艦に命中弾を与えたもの
○敵軍艦に発砲したもの

などに分類して、戦艦本来の姿をどの程度まっとうできたかも探ってみたい。

本書の最初にも述べたとおり、仏、伊、ソ連の詳細なデータ（とくにソ連の戦艦について）は入手しにくいが、できるだけ史実に忠実に、すでに消えてしまった大海獣（リバイアサン）たちを追跡するつもりである。

各国戦艦の履歴

●イギリス　戦艦一七隻、巡洋戦艦三隻

〈クイーン・エリザベス〉

世界最初の重油専焼ボイラーを採用。戦前二回の改装を受ける。大戦中は船団護衛に活躍。後半はあまり活躍せずに、一九四七年解体。


〈ウォースパイト〉

〈バリアント〉〈バーラム〉〈マレーヤ〉の三隻とともに第一次大戦ではジュットランド沖海戦に参加。一九三三年より三年間にわたる改装を受ける。緒戦のノルウェー戦、のちに地中海で活躍。主として陸上砲撃、船団護衛に従事し、一九四八年解体。


〈バリアント〉

一九三七年大改装。その後カタパルト作戦、地中海の船団護衛に参加。一九四四年工事中事故により大損傷。大戦後半はあまり活動せず、一九四七年解体。

〈バーラム〉

大西洋の船団護衛に従事。地中海に転戦。一九四一年U－331の雷撃により轟沈。Q・E級ではこの艦のみ、改造が小規模であった。

〈マレーヤ〉

大戦前半は北大西洋および地中海で船団護衛に活躍。一九四一年独巡洋戦艦を撃退。大戦後半はあまり活躍せず、一九四八年解体。

〈ロイヤル・オーク〉

以下四隻のR級と共に各艦とも戦前二回にわたって改装を受ける。一九三九年十月、スカパ・フロー泊地でU－47の雷撃により沈没。

〈ラミリーズ〉

R級の改装はいずれも小規模で低速のため、各艦とも船団護衛がほとんどであった。本艦は地中海で二度海戦に参加。一九四二年五月、マダガスカル近海で日本潜水艦により損傷。一九四七年解体。

〈リゾリューション〉

カタパルト作戦に参加したさい、仏戦艦と交戦し、これを撃滅。その後、船団護衛に従事。のち予備艦となり、一九四八年解体。

〈リベンジ〉

本国艦隊に所属し、十数回の船団護衛に従事。目立った活躍もせず、大戦後半は予備艦同然となる。一九四八年解体。

〈ロイヤル・ソブリン〉

一九三九年に改装。大戦前半は地中海に配備。その後、ソ連に貸与されて〈アルハンゲリスク〉となる。ソ連海軍の最強の戦艦であった。一九四九年に返還され、その後解体。

〈ネルソン〉

本級はイギリス海軍唯一の一六インチ砲戦艦で、全主砲を前甲板に配置した。主に船団護衛に従事。低速のため戦争後半はあまり活躍せず、一時宿泊艦となる。一九四八年解体。

〈ロドネー〉

大西洋の船団護衛に従事。一九四一年〈K・G・5〉とともに〈ビスマルク〉追撃に参加、これを撃沈。後半は陸上砲撃に活躍し、一九四九年解体。

〈キング・ジョージ五世〉

一九四〇年竣工。〈ビスマルク〉追撃戦に参加し、これを〈ロドネー〉とともに撃沈。船団護衛に従事したのち、一九四五年春、太平洋に転戦、日本本土砲撃、英空母護衛に活躍。一九五七年解体。

〈プリンス・オブ・ウェールズ〉

一九四一年五月、就役直後に〈ビスマルク〉と戦い、中破。その後極東艦隊旗艦となり、一九四一年十二月、マレー沖で巡戦〈レパルス〉とともに日本海軍機の攻撃により沈没。

〈デューク・オブ・ヨーク〉

一九四一年十一月就役。船団護衛に活躍。一九四三年末、ノースケープ沖海戦で独巡戦〈シャルンホルスト〉を撃沈。一九五八年解体。

〈アンソン〉

一九四二年六月竣工。本国艦隊で船団護衛。太平洋に転戦して日本本土攻撃に参加し、日本機の攻撃で損傷。一九五七年解体。

〈ハウ〉

一九四二年八月竣工。すでに活躍の場は少なく、太平洋に転戦して日本本土攻撃に参加し、日本機の攻撃で損傷。一九五八年解体。

〈フッド〉

一九一六年竣工。長い間、世界最大の軍艦として親しまれた。カタパルト作戦に参加。一九四一年〈ビスマルク〉と交戦し、轟沈。

〈レナウン〉

一九一六年竣工。二度の改装を受ける。ウエストフィヨルド沖で〈グナイゼナウ〉と交戦、撃退。船団護衛に従事。地中海、インド洋でも活躍。一九四八年解体。

〈レパルス〉

一九一六年竣工。船団護衛に従事。一九四一年、〈プリンス・オブ・ウェールズ〉とともにマレー沖で日本軍機により沈没。

●アメリカ　戦艦二七隻、巡洋戦艦（大型巡洋艦）二隻

〈アーカンソー　BB33〉

一九一二年竣工。米戦艦中の最古参。戦前二度の改装。船団護衛に従事。一時練習艦となる。ノルマンディー、南仏、硫黄島で上陸支援の砲撃。一九四七年解体。

〈ニューヨーク　BB34〉

一九一四年竣工。本級二隻は老齢のわりに酷使され、大西洋で船団護衛に従事。末期には太平洋に転戦。一九四六年ビキニ標的艦となるも沈没せずに一九四八年解体。

〈テキサス　BB35〉

一九一四年竣工。〈ニューヨーク〉とともに戦前に大改装。船団護衛に従事。一時練習艦となる。一九四五年には陸上砲撃を実施。一九四八年からテキサス州ヒューストンで保存艦となる。

〈ネバダ　BB36〉

一九一六年竣工。一九二七年に大改装。真珠湾で大破着底し、引き上げられて大改装。大西洋で船団護衛と陸上砲撃に従事。のちに太平洋へ転戦。一九四六年ビキニ標的艦。一九四八年海没処分。

〈オクラホマ　BB37〉

一九一六年竣工。一九二七年大改装。真珠湾で大破転覆。修理不能となり解体のため引き上げられたが、そのまま放置される。一九四七年本国に向け曳航中に嵐に遭遇し沈没。

〈ペンシルベニア　BB38〉
一九一六年竣工。米戦艦初の三連装砲塔装備。一九二七年改装。真珠湾で小破、大改装の後、上陸援護の砲撃に活躍。一九四六年ビキニ標的艦、一九四八年海没処分。
〈アリゾナ　BB39〉
一九一六年竣工。一九二七年改装。真珠湾で日本艦載機により沈没。そのまま記念艦となる。現在も書類上は現役艦となっている。
〈ニューメキシコ　BB40〉
一九一八年竣工。一九三一～一九三三年に大改装。本級三隻は開戦時は大西洋にあった。太平洋に転出後は船団護衛と陸上砲撃に活躍。一九四七年解体。
〈ミシシッピ　BB41〉
一九一七年竣工。一九三一～一九三二年に大改装。陸上砲撃に活躍。スリガオ海峡海戦に参加。第七艦隊旗艦をつとめたあと、戦後ミサイル実験艦となるが、一九五六年解体。
〈アイダホ　BB42〉
一九一九年竣工。一九三三～一九三四年に大改装。陸上砲撃に従事。一九四七年解体。
〈テネシー　BB43〉
一九二〇年竣工。真珠湾で小破。一九四二～一九四三年大改装。陸上砲撃に従事し、一九四四年スリガオ海峡海戦に参加。硫黄島砲撃で損傷。一九五九年解体。
〈カリフォルニア　BB44〉

一九二一年竣工。真珠湾では雷撃により着底。引き上げられたのち大改装され、一九四四年戦列に復帰。スリガオ海峡海戦に参加。各地で陸上砲撃に従事。一九五九年解体。

〈コロラド　BB45〉

一九二三年竣工。開戦時は本土にあり無傷。一九四二年に改装。船団護衛に従事したのち、陸上砲撃に活躍。目立った戦歴はないまま、一九五九年解体。

〈メリーランド　BB46〉

一九二一年竣工。真珠湾で中破。一九四二年修理と改装。太平洋各地で陸上砲撃。スリガオ海峡海戦に参加。一九五九年解体。

〈ワシントン　BB47〉

一九二一年進水。工程七五パーセントでワシントン条約に基づき建造中止。一九二四年実艦標的として沈没。その艦名はＢＢ56に引き継がれる。

〈ウエストバージニア　BB48〉

一九二三年竣工。真珠湾で大破着底。引き上げられ大改装ののち、一九四四年戦列復帰。スリガオ海峡海戦に参加。陸上砲撃に従事。一九六一年解体。

〈ノースカロライナ　BB55〉

ワシントン条約明け戦艦の一番艦。一九四一年竣工。空母の直衛として大いに活躍。一九六〇年よりノースカロライナ州で記念艦として保存。

〈ワシントン　BB56〉

一九四一年竣工。短期間大西洋に配属ののち、太平洋へ。第三次ソロモン海戦で〈霧島〉を撃沈。上陸作戦支援や空母直衛に活躍し、一九六一年解体。

〈サウスダコタ　BB57〉

一九四二年竣工。南太平洋海戦から空母の護衛に活躍。第三次ソロモン海戦では〈霧島〉との砲戦で中破。その修理後上陸作戦や空母護衛に活躍。一九六二年解体。

〈インディアナ　BB58〉

一九四二年竣工。上陸作戦や空母護衛に従事。目立った戦歴なく、一九六一年解体。

〈マサチューセッツ　BB59〉

一九四二年竣工。大西洋に配属中にカサブランカ攻略戦で仏戦艦〈ジャンバール〉により中破。太平洋を転戦。上陸作戦や空母護衛に従事。一九六五年から記念艦として保存。

〈アラバマ　BB60〉

一九四二年竣工。大西洋で船団護衛に従事。太平洋に転属後、空母護衛や上陸作戦に従事。一九六四年からアラバマ州モービルで記念艦として保存。

〈アイオワ　BB61〉

一九四三年竣工。テヘラン会談のさいルーズベルト大統領が座乗。太平洋で空母護衛に活躍。朝鮮戦争に参加。近代化改装後、一九八四年に現役復帰。その後予備艦となる。

〈ニュージャージー　BB62〉

一九四三年竣工。空母護衛として太平洋を転戦。ハルゼー提督の旗艦。朝鮮戦争に参加。

一九六八～一九六九年、ベトナム戦争で対地砲撃。近代化改装して一九八二年現役復帰。

〈ミズーリ　BB63〉

一九四四年竣工。一九四五年から空母護衛に従事。日本の降伏調印を艦上で行なった。朝鮮戦争に参加。近代化改装して一九八六年現役復帰。湾岸戦争に参加。

〈ウィスコンシン　BB64〉

一九四四年竣工。一九四五年から空母護衛に従事。朝鮮戦争に参加。いったん予備艦となったあと再度現役に復帰し、湾岸戦争に参加。

〈アラスカ　CB1〉

十二インチ砲搭載のアメリカ初の巡洋戦艦（大型巡洋艦）。一九四四年竣工。空母護衛に従事。一九四七年退役し、一九六一年解体。

〈グアム　CB2〉

一九四四年竣工。一九四五年、日本本土攻撃の空母群の護衛に従事。一九四七年退役し、一九六一年解体。

●日本　戦艦一二隻（うち四隻は高速戦艦）

〈金剛〉

日本海軍最後の外国製戦艦。一九一三年竣工。二回にわたり大改装。空母護衛、ガダルカナル戦、サマール沖海戦で活躍。一九四四年十一月台湾沖で米潜の雷撃により沈没。

〈比叡〉

一九一四年竣工。同型艦とともに二回の大改装。空母護衛などでインド洋、太平洋、ソロモンを転戦。一九四二年十一月十三日、第三次ソロモン海戦で大破、自沈。

〈榛名〉

一九一五年竣工。空母護衛としてインド洋、太平洋、サマール沖海戦で活躍。一九四五年呉で米空母機の攻撃により大破、着底状態で終戦を迎える。

〈霧島〉

一九一五年竣工。空母護衛などで転戦。一九四二年十一月十四日、第三次ソロモン海戦で米戦艦〈ワシントン〉により撃沈さる。

〈扶桑〉

一九一五年竣工。一九三三年大改装。目立った活動はなく、一九四四年、スリガオ海峡海戦で、米駆逐艦の雷撃により沈没。

〈山城〉

一九一七年竣工。一九三三年大改装。〈扶桑〉と同じく、一九四四年、スリガオ海峡海戦で米旧式戦艦群の砲撃により沈没。

〈伊勢〉

一九一七年竣工。一九三四年大改装。あまり活動せず、一九四三年航空戦艦となるも搭載機のないまま、レイテ沖海戦に参加。一九四五年呉で予備艦となり、米機の攻撃で大破、着底。

〈日向〉

一九一八年竣工。一九三四年大改装。一九四三年航空戦艦に改装。レイテ沖海戦で空母部隊に同行。一九四五年、呉で大破着底。

〈長門〉

日本初の一六インチ砲戦艦。一九二〇年の竣工後、長く連合艦隊の旗艦を務める。開戦後はあまり活躍せず、一九四四年サマール沖海戦に参加。一九四五年横須賀で中破。一九四六年、ビキニの水爆実験に供され沈没。

〈陸奥〉

一九二一年竣工。〈長門〉同様あまり活動なく、一九四三年、呉港外で火薬庫の爆発により沈没。

〈大和〉

一八インチ砲装備の世界最大の戦艦。一九四一年竣工。ミッドウェー作戦、レイテ沖海戦に参加。一九四五年、沖縄への突入途上、米空母機の攻撃により沈没。

〈武蔵〉

一九四二年竣工。目立った活躍のないまま一九四四年、シブヤン海海戦で米空母機の攻撃により沈没。

●ドイツ　戦艦二隻、巡洋戦艦二隻、ポケット戦艦三隻
〈ドッチュラント〉

一九三三年竣工。一九三九年〈リュッツオー〉と改名。ノルウェー戦、バレンツ海海戦に参加。一九四五年、スウィネムントで英空軍機の爆撃で大破自沈。

〈アドミラル・シェーア〉

一九三四年竣工。同型艦二隻とともにスペイン内戦に出動。一九四〇年から通商破壊に活躍。一一万トンを撃沈。一九四二年以降あまり活躍なく、一九四五年四月、キール軍港で爆撃により転覆。

〈アドミラル・グラーフ・シュペー〉

一九三六年竣工。開戦当初より南太西洋、インド洋で通商破壊に活躍。一九三九年十二月、英巡三隻とラプラタ沖海戦を戦い、損傷、モンテビデオ港外で自沈。

〈シャルンホルスト〉

一九三九年竣工。ノルウェー戦で英空母〈グローリアス〉撃沈。通商破壊に活躍。チャネル・ダッシュ（英仏海峡突破）。一九四三年十二月、北極海で英戦艦〈デューク・オブ・ヨーク〉と交戦、沈没。

〈グナイゼナウ〉

一九三八年竣工。〈シャルンホルスト〉とほとんど行動を共にし、チャネル・ダッシュで触雷。損傷修理中に空爆により大破。修理を中止し、一九四五年、グディニアで自沈。

〈ビスマルク〉

一九四〇年竣工。一九四一年五月大西洋への進出を図り、英巡戦〈フッド〉を沈め、〈PoW〉を中破。その後〈K・G・5〉〈ロドネー〉などの集中攻撃により沈没。

〈ティルピッツ〉

一九四一年竣工。ほとんど出撃せず、ノルウェーのフィヨルド内にあり、英豆潜水艦、空母機などの数度の攻撃で損傷。一九四四年英空軍機の大型爆弾により転覆、沈没。

●イタリア　戦艦七隻、ビットリオ・ベネト級の〈インペロ〉は未完成。
〈コンティ・ディ・カブール〉

一九一五年竣工。一九三三年から一九三七年までに大改装。一九四〇年、英空母機のタラント攻撃により沈没。浮揚されたものの修理されずに一九四三年自沈。

〈ジュリオ・チェザーレ〉

一九一四年竣工。一九三三年より大改装。タラントで小破。イギリス海軍と数度交戦するも戦果なし。一九四七年、賠償としてソ連に引き渡し〈ノボロシスク〉となる。一九五五年、黒海において触雷して沈没？

〈カイオ・デュイリオ〉

一九一五年竣工。一九三七年より一九四〇年まで大改装。たびたび出撃するも戦果なし。タラントで大破。修理後船団護衛に従事。イタリア降伏後、練習艦となり一九五七年解体。

〈アンドレア・ドレア〉

一九一六年竣工。一九四〇年まで大改装。船団護衛や英船団攻撃に出撃するもほとんど交戦せず。イタリア降伏後、練習艦となり、一九五七年解体。

〈ビットリオ・ベネト〉

一九四〇年竣工。イギリス海軍とたびたび交戦。マタパン沖で英空母機の雷撃により損傷。その後も船団護衛や英船団攻撃に従事。一九四三年マルタへ回航。一九四六年返還後、一九五三年解体。もっとも活躍したイタリア戦艦であった。

〈リットリオ〉

一九四〇年竣工。タラントで大破、着底。浮揚後、船団護衛に従事。一九四三年〈イタリア〉と改名。イタリア降伏後マルタへ回航中、独誘導爆弾により大破。修理後は活動せずに一九四八年解体。

〈ローマ〉

一九四二年竣工。まったく出撃せず。一九四三年イタリア降伏によりマルタへ回航中、独誘導爆弾により沈没。

●フランス　戦艦五隻、巡洋戦艦二隻（ほかに旧式練習艦二隻）
〈プロバンス〉

一九一五年竣工。戦前二度改装。ケビルで英戦艦の砲撃により大破着底。浮揚後一九四二年にツーロンで自沈。その後独軍が浮揚し閉塞艦として一九四四年自沈。

〈ブルターニュ〉

一九一六年竣工。戦前二度改装。降伏直前にケビルに脱出。英戦艦の砲撃により爆発、転覆。

〈ロレーヌ〉

一九一六年竣工。二度改装。一九四〇年アレクサンドリアで英軍に接収される。一九四三年自由フランス軍の南仏上陸のさい支援砲撃を行なう。一九四五年練習艦、一九五四年解体。

〈ダンケルク〉

一九三七年竣工。対通商破壊、哨戒に従事。ケビルで大破。修理の上復帰するが、一九四二年ツーロンのドック内で爆破され、一九五八年解体。

〈ストラスブール〉

一九三八年竣工。ケビル港で英艦隊と戦う。その後フランスに戻り、一九四二年ツーロンで自沈。一九四三年イタリア軍が引き上げるも修理せず。一九四四年再び自沈。のち解体。

〈リシュリュー〉

一九四〇年竣工直前にダカールに脱出。その後イギリス海軍と交戦。一九四二年末、連合軍に参加。アメリカで工事完了、インド洋で活動したあと、一九六八年解体。

〈ジャンバール〉

一九四〇年、工事七七パーセントでカサブランカに脱出、一九四二年米戦艦と交戦、損傷大。戦後フランス本国に戻って一九五五年にようやく竣工。スエズ動乱に参加。一九六九年解体。

●ソビエト　戦艦五隻、タシケント級三隻は未完成。
〈ガングート〉

一九一四年竣工。〈オクチャブルスカヤ・レボルチヤ〉と改名。一九三一年から一九三四年に改装。バルト海で沿岸砲撃。一九四二年再び旧名に。一九五二年解体?

〈セバストポリ〉

一九一四年竣工。〈パリジスカヤ・コンミュナ〉と改名。一九三六年から三年間改装。黒海で沿岸砲撃。一九四二年旧名に復す。一九五六年解体?

〈ペトロパブロフスク〉

一九一四年竣工。〈マラート〉と改名。戦前二度にわたり改装。バルト海で沿岸砲撃に従事。一九四一年独軍機と陸上長距離砲により大損傷、着底。一九四三年旧名にもどされ、一九五三年解体。

〈アルハンゲリスク〉

一九四四年貸与の旧英戦艦〈ロイヤル・ソブリン〉。一九四八年まで北方艦隊に所属。目立った活動をしないまま一九四九年返還、解体。

〈ノボロシスク〉

一九四九年に戦利品として譲渡された旧イタリア戦艦〈ジュリオ・チェザーレ〉。黒海艦隊に配属されるが、目立った活動はせず。確認されていないが、一九五五年に触雷事故により沈没。

第7章 最優秀戦艦と最高殊勲戦艦

第二次大戦中の最優秀戦艦は？

本章では表題のとおり『第二次大戦における最優秀戦艦は？』という非常に興味深い、しかしポピュラーな事柄について分析と評価を行なう。

最初に本稿に限らず、本書そのものが一般的な艦艇ファン向きに書いたものであることをくり返しておく。

したがって、船舶設計の専門家や艦船のセミプロ的な研究家、そしてマニアを自認する人々にとって、この記述は組み込まれているデータ数も少なく、また分析も甘いかも知れないが、その点ご了承をいただきたい。

もっとも、お叱りを覚悟で記述すれば、大部分の戦艦は歴史の中に埋没してしまって、どのように精密、正確、稠密《ちゅうみつ》な分析を試みたところで〝正解〟は得られないのである。

またそれだからこそ、〝歴史〟の研究（本書も広い意味でだが、この分野に属する）こそ人生の真の楽しみといえるのだろう。

それではさっそく――流行歌の一位を決めるファン投票のような個所も存在するが――最優秀戦艦の選出にかかろう。

まず選定の対象となる戦艦が、ネイバル・ホリデイ以後のものとなるのは当然である。するとその数は二八隻であり、国別の分布は次のとおりである。

●イギリス
キング・ジョージ五世級　五隻
（巡戦三隻、特に〈フッド〉は選定の対象にしたかったが、経年数が多いため除いた）

●アメリカ
ノースカロライナ級　二隻
サウスダコタ級　四隻
アイオワ級　四隻
（アラスカ級大型巡洋艦二隻は、戦艦とはしない）

●日本
大和級　二隻

●ドイツ
シャルンホルスト級　二隻
ビスマルク級　二隻

●イタリア

ビットリオ・ベネト級　三隻

●フランス

ダンケルク級　二隻

リシュリュー級　二隻

●ソ連

なし

となるが、この中から巡洋戦艦は除く。理由は、本書の中では最初から〝戦艦〟として扱ってきたが、主砲の威力について本格的な戦艦とは大きな差が生じているからである。

すると選定の対象は、K・G・5級（英）、ノースカロライナ級（米）、サウスダコタ級（米）、アイオワ級（米）、大和級（日）、ビスマルク級（独）、リシュリュー級（仏）、ビットリオ・ベネト級（伊）、つまり六ヵ国八クラスとなる。

これらの艦については新しいだけに、大改装工事は行なわれなかったので、互いの比較が簡単に行ない得る。

まず第一に、排水量は〈大和〉が圧倒的に大きいが、全長としては、より長い艦もほかにある。ちなみに、アメリカ海軍のアイオワ級の場合は、全長も水線長も〈大和〉を超えている。

満載排水量としては、

〈大和〉　六万八三〇〇トン（公試状態）最大
〈アイオワ〉　五万五七一〇トン（　〃　）第二位
であるから、〈大和〉は最大の戦艦ではあるが、最長の艦ではない。
艦型から言えば米戦艦の全幅はパナマ運河の水門の幅三三・五メートルによって制限されるが、日本の場合はそのような制約がなく、大和級はじつに三九メートルという大きな数値を得ている。

さて、大口径の主砲こそ戦艦の価値そのものである。戦艦という艦種がたとえ消え去っても〝大艦巨砲主義〟という言葉は存在しつづけると思われる。

それほど大艦と巨砲は堅く結びついたものであり、最も強力な砲を持った船こそが海上では王者となった。しかし第二次大戦の末期には、最大一〇トンの重量のある爆弾を、一〇〇〇キロも運搬できる航空機が登場した。

これと比較すれば、戦艦の巨砲が一・五トンの砲弾を四〇キロ先まで撃ち込めたとしても、その威力の差は明らかである。だが一方では、戦艦の存在は国力そのものであり、その根幹は装備する主砲にあったことも事実である。

したがって優秀艦の選定をまずこの点からはじめよう。

例によって資料ごとに多少の差があるが、それは主砲威力の順位が変わるほどのものではない。

まず強力な〈大和〉の一八インチL45砲から〈シャルンホルスト〉の一一インチL54砲ま

で、口径は一一～一八（五種類）、砲身長は四二～五四（五種類）である。

このなかでK・G・5級の一四L45砲と、フランス巡戦ダンケルク級の一三L52砲は主砲の威力指数が同じ値となっていて、両艦の存在当時に流れた軍艦ファン同士の噂（一四L45＝一三L52）を裏付けている。

主砲の威力が大きいことは、もちろんその戦艦の能力の第一の指標としなければならない。しかしこの指標を過大視することも、また問題がある。

たとえば排水量四万トンの英巡戦〈フッド〉は、〈ビスマルク〉の一五インチ砲弾一発（装甲を破り火薬庫に達したものだけを考えた場合）で爆沈した。

一方、地中海のシルテ沖海戦において英駆逐艦〈キングストン〉は、伊戦艦〈リットリオ〉の一五インチ砲弾の直撃を受けながらも沈没しなかった（中破、一時航行不能）。

この例からも、戦艦対戦艦の戦いにおいて、砲弾だけで敵艦を沈めるのは非常に難しいことがわかる。となれば、戦艦の主砲の威力も、総合的な能力の一部分でしかない。ともかく第二次大戦において、主砲弾だけで撃沈された戦艦（巡洋戦艦を除く）は一隻もないのである。

また単に主砲だけに話を限っても、単純に威力を比較できない部分が多々ある。

大口径大威力の主砲の場合、

○保有弾量の減少

○発射速度の減少（一定時間あたりの斉射量の減少）

○搭載可能な砲の数の減少
○一斉射の命中率の減少（砲数が少ない）
などのマイナスが存在する。

これらの課題も機会があれば、一四インチ砲一二門を装備したアメリカ海軍の旧式戦艦〈テネシー級〉と、一六インチ砲八門を持った日本海軍の〈長門〉との対決などを、いくつかの数式的な仮定のもとに比較してみたい。

この両艦の一斉射撃の弾量は、まったく等しい。砲弾の威力は〈長門〉が、一方、発射速度と命中率（単に落下する弾数が多いという意味で）の点では〈テネシー〉が優れている。

またこれらの比較の対象は戦艦だけではなく、巡洋艦などについても同じことが言える。六インチ砲一二門（三連装砲塔四基）の軽巡と、八インチ砲八門（連続砲塔四基）の重巡の対決（イギリス海軍の軽巡ベルファスト級と、独重巡ヒッパー級など）も興味深いものがあろう。

しかしこれらの主砲についての詳細な比較は専門誌の記事に譲り、そろそろ他の能力に眼を移そう。

速力、運動能力（機動性）から見て、日本海軍のエースたる〈大和〉は、残念ながら上位に食い込むことはできない。すでに述べたとおり、出力排水量比があまりに低いのである。

また速力については、二七ノットと三〇ノットはほんのわずかの差ではある。けれども真の意味の近代的戦艦は、やはり三〇ノットの壁を破らなければならないのである。

もちろんアイオワ級を除いた各国の新戦艦の起工は一九三〇年代であって、海戦の様相は戦艦対戦艦の戦いから、高速空母群同士の機動戦へ移るという予測は誰もなし得なかった。

しかし戦争の形も時代とともに移り変わる。もし第二次大戦の初期、ヨーロッパ海域でつねに勝利を得ていたイギリス海軍が、日本海軍と戦闘を交えたら、勝利を得るのは日本側であったと筆者は確信する。

それは日本の航空母艦を基幹とする洋上航空力が、イギリス海軍を圧倒できたからである。

複葉雷撃機ソードフィッシュ、複座戦闘機フルマーを載せた旧式英空母（しかもそれを単艦で運用）では、零式戦闘機、九七式艦上攻撃機を搭載した日本の高速空母（そして集団運用、すなわち機動部隊を編成して行動）には、とても太刀打ちできない。

とすると、海軍戦力の主役を空母に譲り、そのエスコートを任務とする戦艦群は当然ながら、高速空母と行動をともにしなくてはならない。

正規空母、あるいは艦隊空母と称される本格的な航空母艦の速力は、

アメリカ・エセックス級　三三ノット

イギリス・イラストリアス級　三二ノット

日本・翔鶴級　三四ノット

と非常に高速である。

これを護衛するとなればやはり三〇ノットを超す速力が必要とされる。結局のところ空母

を本格的に運用した日、米、英海軍において、完全にエスコート役を演じられるのは、アイオワ級四隻のみであった。

他の新戦艦ノースカロライナ級、サウスダコタ級、キング・ジョージ五世級、大和級の速力はすべて二七～二八ノットであり、この任務には失格であったと見るべきである。

したがって第二次大戦に参加した戦艦の中では、やはり最新のアイオワ級が最も優れた戦艦であると思う。

この評価は別の面からも証明できる。それはネイバル・ホリデイ明け以後の各国の戦艦の開発経過によっても示される。

新鋭戦艦を建造する前に、どの国も長い空白期間が生じている。

イギリス　ネルソン級→K・G・5級　一〇年
日本　長門級→大和級　一六年
イタリア　アンドレア・ドリア級→V・ベネト級　一八年
ドイツ　バーデン級→シャルンホルスト級　一九年
フランス　ロレーヌ級→ダンケルク級　一七年

といった具合である。

しかしアメリカの場合、〈ウエストバージニア〉→〈ノースカロライナ〉は一四年というブランクはあるが、このあとの状況については、一九三七年に起工した〈ノースカロライナ〉から一九四〇年に起工した〈アイオワ〉の間に、じつに五隻の戦艦が誕生しているのである。

他の国々と同じ図式で書けば、〈ノースカロライナ〉一九四一年→〈アイオワ〉一九四〇年起工で、ブランクなしということになる。ともかくアイオワ級四隻の前にアメリカは、

BB55〈ノースカロライナ〉一九三七〜四一年
BB56〈ワシントン〉一九三八〜四一年
BB57〈サウスダコタ〉一九三九〜四二年
BB58〈インディアナ〉一九三九〜四二年
BB59〈マサチューセッツ〉一九三九〜四二年
BB60〈アラバマ〉一九四〇〜四二年

という六隻の新鋭戦艦を建造している。

これらの技術と経験のすべてを投入してつくられたアイオワ級四隻が、英（一〇年ぶりの新戦艦建造）、日本（同一六年ぶり）、伊（同一八年ぶり）、独（一九年ぶり）、仏（同一七年ぶり）に生まれた戦艦より、あらゆる面の能力が優れているのは当然であろう。

くり返すが、第二次大戦中に各国が保有した新型戦艦は、

アメリカ　一〇隻（他に大型巡洋艦二隻）
イギリス　五隻
ドイツ　巡戦二隻、戦艦二隻
フランス　巡戦二隻、戦艦二隻

イタリア　三隻
日本　　　二隻
のみである。
この数字だけみても、アメリカの底力をかいま見ることができよう。
○要目、性能から見た戦艦
主砲の威力、数、装甲板の厚さ、機関出力、出力排水量比などを考え合わせると、新戦艦の総合的な戦闘力は概数ながら次のような数値になる（三五一ページの表参照）。
キング・ジョージ五世級の能力を一〇〇とした場合、
アイオワ級　一八四
リシュリュー級　一二九
V・ベネト級　九四
大和級　一五九
ビスマルク級　一〇八
サウスダコタ級　九三
なおノースカロライナ級はサウスダコタ級に含むものとする。
詳しい計算方式は省略するが、それぞれの数値は、次のようにして算出している。少々面倒だが、今流行のシミュレーション・ゲームも、このような数式を利用してつくられるので、参考までに紹介しておきたい。

○主砲の威力数　A
主砲の口径と砲身長の積によって〝砲力〟を示す。
○攻撃力　B
Aに各戦艦の主砲の数を掛けて示す。強力な主砲を数多く装備した戦艦の攻撃力が大きいことになる。
○攻撃戦闘力　C
高速を利して敵艦隊を攻撃するさいの戦闘力で、Bに速力をかけたもので示す。
○運動能力　D
すでにたびたび説明してきた出力／排水量の比と、速力を掛けたもの。運動性能の大部分は出力排水量比に比例する。この値が大きければ、敵を追跡するときも、また敵弾、魚雷を避ける場合にも有利である。
○防御力　E
戦艦のもっとも面積の大きな装甲部分である水線ベルトの厚みで耐弾性を表わし、排水量の大きさはそのまま浮力（沈みにくさ）を表わすものとして両者を掛けた形で示す。
○防御戦闘力　F
運動性能で敵弾回避能力（ソフト面）、防御力で耐弾性（ハード面）を考え、これによって防御戦闘の能力を示す。
○総合戦闘力　G

6.1インチ砲×12門、他：12.7cm砲×12門、飛行機×7機、装甲：最高厚さ25.6インチ、水線ベルト16.1インチ、速力：27ノット、航続距離：16ノットで7200海里、出力排水量比：2.35馬力／トン、乗員：最大3300名、主砲の配置：3連装砲塔×2基前部、後部に1基、同型艦名：武蔵

艦名：大和（戦艦)、国名：日本、大和級１番艦、同型艦数２隻、起工：1937年11月、完成：1941年12月、排水量：基準63800トン、満載72400トン、寸法：全長×全幅×吃水：263m × 38.9m × 10.4m、機関：缶数12基、蒸気タービン４基、軸数：4、出力：15.0万馬力、主砲：18インチ46cmL45砲×９門、１門の威力数810、副砲：

80門、飛行機×4機、装甲：最高厚さ17インチ、水線ベルト12.2インチ、速力：33ノット、航続距離：17ノットで15900海里、出力排水量比：4.31馬力／トン、乗員：最大2980名、主砲の配置：3連装砲塔×2基前部、後部に1基、同型艦名：アイオワ（BB-61）、ニュージャージー（BB-62）、ウィスコンシン（BB-64）

艦名：ミズーリ（BB-63）（戦艦）、国名：アメリカ、アイオワ級3番艦、同型艦数4隻、起工：1941年6月、完成：1944年6月、排水量：基準49200トン、満載55700トン、寸法：全長×全幅×吃水：270m×33.0m×11.5m、機関：缶数8基、蒸気タービン4基、軸数：4、出力：21.2万馬力、主砲：16インチ40.6cmL50砲×9門、1門の威力数800、副砲：5インチ砲×20門、他：40mm機関砲×

副砲：6インチ砲×12門、他：9cm砲×12門、飛行機×3機、装甲：最高厚さ13.8インチ、水線ベルト13.8インチ、速力：30ノット、航続距離：16ノットで4600海里、出力排水量比：3.38馬力／トン、乗員：最大1870名、主砲の配置：3連装砲塔×2基前部、後部に1基、同型艦名：ビットリオ・ベネト、ローマ

艦名：リットリオ（戦艦）、国名：イタリア、リットリオ級1番艦、同型艦数3隻、起工：1934年10月、完成：1940年5月、排水量：基準41400トン、満載45700トン、寸法：全長×全幅×吃水：238m × 32.9m × 10.9m、機関：缶数8基、蒸気タービン4基、軸数：4、出力：14.0万馬力、主砲：15インチ38.1cmL50砲×9門、1門の威力数750、

兵器としての総合戦闘力を、攻撃・機動・防御力の積として考える。この三要素を掛けあわせて算出する。したがってB×D×E。

○建造効果比　H

Gの総合戦闘力をどれだけの排水量の戦艦が発揮しているか、という数値。大きな戦艦は建造にそれだけの費用、工数が費やされているのだから、戦闘能力が大なのは当然である。逆に言えば、いかに排水量の小さい艦に大きな戦闘力を持たせ得るか、との課題に対する解答でもある。このために、まず建造に要する費用（手間などを含む）は、基準排水量に比例することが前提である。したがって総合戦闘力を排水量で除すればよい。

さて、これらを本文中に掲げたデータシートの数値に基づいて計算した。それぞれの数値を生《なま》のまま書き表わしてはわかりにくいので、指数化している。

それによってそれぞれの能力が素早く理解されると思う。

アイオワ級の攻撃力はK・G・5より一四パーセント大きく、大和級の運動能力は三〇パーセントも劣る、ということになる。

ビスマルク級の攻撃力の指数が低いのは、四万トンを超す排水量にもかかわらず、一五インチ砲を八門しか搭載していないからである。主砲は九門欲しいところであろう。

また大和級の防御力はとび切り大きく、K・G・5級の二倍近い。これについては、マレー沖海戦における〈プリンス・オブ・ウェールズ〉とレイテ海戦における〈武蔵〉の沈没状

新戦艦7クラスの能力を示す指数

	A 主砲の威力数	B 攻撃力	C 攻撃戦闘力	D 運動能力	E 防御力	F 防御戦闘力	G 総合戦闘力	H 建造効果比
アイオワ級	127	114	130	168	116	161	184	146
リシュリュー級	114	91	100	154	92	142	129	131
V・ベネト級	114	102	105	100	92	92	94	96
大和級	129	116	108	71	193	137	159	88
ビスマルク級	114	91	91	129	92	118	108	100
サウスダコタ級	114	103	100	120	75	90	93	111
キング・ジョージ五世級	100	100	100	100	100	100	100	100

（注）各能力について、イギリス海軍のキング・ジョージ五世級を基準（１００）として指数で示す。
K・G5の要目・性能については、本文中のデータシートを参考のこと
A：主砲の威力数（口径×砲身長）
B：攻撃力（A×主砲の数）
C：攻撃戦闘力（B×速力）
D：運動性能（出力排水量比×速力）
E：防御力（装甲ベルトの厚さ×基準排水量）
F：防御戦闘力（D×E）
G：総合戦闘力（B×D×E）
H：建造効果比（G／基準排水量）

況から十分に納得できる。

またあらゆる点でアイオワ級の能力の素晴らしさが、数値によってはっきりと示されている。

フランス海軍の大戦艦リシュリュー級は、チャンスに恵まれさえすれば〈ビスマルク〉を凌《しの》ぐ能力を発揮したはずである。

それぞれの数式は簡単にすぎるきらいがあるので、より詳しい分析に取り組んでみたい艦船マニアは、ぜひ自分で数式をつくってみて欲しい。

中学生には難しすぎるかも知れないが、高校生ならば電卓を使用して、自分の納得のいく計算式が生み出せると思う。そのようなアプローチが、軍艦に対する知識を間違いなく増やしていくのである。

一〇〇年の長きにわたって海上の王者として君臨した戦艦の頂点は、やはりアメリカ海軍の〈アイオワ〉〈ニュージャージー〉〈ミズーリ〉〈ウィスコンシン〉の四隻であることはこれまでの文章と数式から明確であろう。

またもしその事実に加えて、数値としては数えることができない〝海上の王者の風格〟を算定すれば、それは日本海軍の大和級にほかならない。その悲壮な最後を知る者にとっては、他の理屈はどうであれ、〈大和〉こそ〝最後の最も戦艦らしい戦艦〟なのである。

読者諸兄もこの意見には両手を挙げて賛成いただけると思う。

第二次大戦中の最高殊勲戦艦は？

前述の〝第二次大戦中の最優秀戦艦〟は多くの艦船研究者、マニアの予想と一致したかどうか不明だが、〝アメリカのアイオワ級〟と決まった。

次にこの項では、前章以上に種々の意見が出されるはずの、〝第二次大戦において、もっとも実績を挙げた（最高殊勲艦、名艦）戦艦〟を選定しようと試みる。

これはある意味では非常に難しく、別な意味からは容易である。たとえば選定の前提条件として次の事柄が考えられる。

まず、ソ連、イタリア、フランス三ヵ国には、とり上げて検討すべき戦艦が存在しない。強いて挙げれば、イタリアの〈ビットリオ・ベネト〉かと思われるが、この艦の最大の戦果は、駆逐艦一隻中破（第二次シルテ海戦）のみである。

ソ連艦は敵戦艦との交戦の記録はなく、活躍の場はもっぱら陸上砲撃であった。

フランス艦も常に港にあって、海戦の場合も陸上砲台の掩護下から離れることはなかった。

残った四ヵ国、英、米、日、独の戦艦群について、その活躍の程度は大きく異なる。それらを国別に簡単に述べれば、

○イギリス
古い戦艦を有効に使用した。すべての戦艦が大戦中期まで大いに活躍、勝利に貢献した。後半、活動が不活発になったのは、独水上兵力が漸減したからである。

○アメリカ
期待したほどの活躍の場がなかった。最新鋭のアイオワ級四隻は、敵艦に対し発砲することはなく終戦を迎えた。ただし一部は空母の対空護衛用、陸上砲撃用として有効であった。

○ドイツ
イギリスの海、空軍力（とくに空母の航空戦力）が貧弱なこともあり、大戦前半には大いに活躍した。ただし〈ビスマルク〉が〈フッド〉を撃沈したのを最後に、勝利からは遠ざかってしまった。

○日　本
戦前の戦艦を主力とする艦隊決戦思想は、空母と航空機の組み合わせの前に意義を失い、多大な期待に反して実際には戦艦の活躍の場はほとんどなかった。

それでは〝最高殊勲艦〟の候補を何隻か挙げてみよう。

○イギリス

〈ウォースパイト〉〈デューク・オブ・ヨーク〉〈キング・ジョージ五世〉〈ロドネー〉
○アメリカ
〈サウスダコタ〉〈ワシントン〉
○ドイツ
〈シャルンホルスト〉〈ビスマルク〉
○日本
〈霧島〉〈金剛〉

といったところであろうか。

これらの候補の履歴を振り返ってみると、大変興味深いことに気がつく。戦艦の存在目的（少なくともそれが設計された時点での）は敵戦艦の撃破、より正確には撃沈にある。

しかし大戦中の八〇〜九〇隻の戦艦のうち、自艦の砲力のみによって敵戦艦を撃沈したものは、ただの一隻もない（巨艦〈ビスマルク〉が一撃で沈没させた相手の〈フッド〉は、戦艦ではなく巡洋戦艦である）。

他の戦艦対戦艦の戦いにおいて、結果として片方が沈んだ場合をみてみると、

○〈デューク・オブ・ヨーク〉対〈シャルンホルスト〉。ただし巡洋艦、駆逐艦の支援あり。
○〈ワシントン〉〈サウスダコタ〉対〈霧島〉。ただし損傷後、航空攻撃を受ける。
○米戦艦六隻対〈山城〉〈扶桑〉（両艦とも沈没）。ただし多数の魚雷艇、駆逐艦の魚雷攻撃と米戦艦、巡洋艦群の集中砲火。

○〈キング・ジョージ五世〉〈ロドネー〉対〈ビスマルク〉。ただし〈ビスマルク〉はすでに損傷していたうえ、駆逐艦の魚雷攻撃も加わる。また航空機が参加していた例もあとなっていて、いずれも戦艦の砲力だけとはいえない。る。

この点からも、〈ビスマルク〉追撃戦で述べたとおり、〈フッド〉を轟沈させたのちの〈ビスマルク〉は、損傷して退却する〈プリンス・オブ・ウェールズ〉を追跡して撃沈すべきだったのである。

考えてみれば、第一次大戦のドッガーバンク海戦、ジュットランド沖海戦でも、戦艦は沈没していない（本来なら第一線で使用できないような旧式戦艦は別である）。とすれば、この〈ビスマルク〉の第一合戦こそ歴史上最後の〝戦艦対戦艦〟の死闘であったかも知れない。

これらの事実を踏まえて考察すると、最高の武勲に輝く戦艦とは、とくに敵の戦艦を沈めていなくても良さそうに思える。この条件がはずされれば、設問に対する答えは明確である。

筆者は、第二次大戦最高の戦艦としてイギリス海軍のクイーン・エリザベス級四番艦〈ウォースパイト〉の名を挙げるのに躊躇しない。他の有力な候補の戦歴に関しては、別項（大戦中活躍した主要四ヵ国の戦艦と戦歴）を参考にされたい。

〈ウォースパイト〉は他のQ・E級四隻とともに一九一五年に竣工している。これらのQ・E級は当時イギリス海軍最強の第五戦艦戦隊として、一九一六年五月三十一日のジュットランド大海戦にも活躍した。

一九三四年、〈ウォースパイト〉は僚艦〈マレーヤ〉とともに大改装を受けるが、本艦の改造はQ・E級五隻の中でも最も徹底的に行なわれた。そしてこの事実が、一九三九年からはじまった第二次大戦においても〈ウォースパイト〉に活躍の場を与えたのである。

〈ウォースパイト〉の活動の舞台は、北大西洋、大西洋、地中海と広く、あるときは幅わずか一キロのノルウェー・ナルビク近くのオフト・フィヨルドに侵入し、また地中海ではイタリア本土から五〇キロという至近距離まで接近するなど、大胆に走りまわった。

主な作戦だけ見ても、

○第二次ナルビク海戦

極めて狭いフィヨルドに侵入し、味方駆逐艦とともに独駆逐艦隊九隻を撃滅。

○カラブリア沖海戦

伊戦艦〈コンティ・ディ・カブール〉に命中弾を与え、その強力な敵艦隊を撃退、船団護衛に成功。

○マタパン沖夜戦

本艦のみで伊重巡二隻を撃沈、他艦と共同で他一隻を撃沈、損害なし。

○クレタ島撤退作戦

敵急降下爆撃機を引きつけ、五〇〇キロ爆弾一発を受ける。とじつに見事な戦歴である。

それにしても最高の活躍をした軍艦が、艦齢三〇年（一九一五～一九四五年）を数える旧式戦艦であったとは、なんという歴史の皮肉であろうか。日本海軍の戦艦一二隻のうち最も活躍した〈金剛〉も、これまた建造年度が最も古い艦である。

これは単なる偶然の一致であるが、軍艦にも人間と同様に〝運〟というものが確実に存在する感がある。

しかしそれは一方、戦争となったら保有する艦艇の危険をかえりみず、必要な海域に送り込み（第二次ナルビク戦の〈ウォースパイト〉のフィヨルド侵攻）、乗員の士気を常に最高に保ち（カラブリア海戦における〈ウォースパイト〉の活躍）、また陸軍への積極的支援（クレタ島撤退作戦）を行なったイギリス海軍の艦隊首脳部の功績でもある。

最高殊勲艦のナンバー2は独戦艦〈ビスマルク〉か、同巡戦〈シャルンホルスト〉であろう。前者の実力はすでに何回となく紹介してきた。しかし強敵であるイギリス海軍を手こずらせた、という事実からいえば、ドイツ海軍のベテラン、〈シャルンホルスト〉であろう。

緒戦における英空母〈グローリアス〉撃沈、一〇万トンに達する商船を沈めた通商破壊戦の戦果、〈ビスマルク〉の〈フッド〉撃沈と同等の大きな衝撃をイギリス海軍（というよりイギリス国民全体）に与えた英仏海峡突破（チャネル・ダッシュ）、そして本格的な戦艦の前に悲劇的な終末を迎えたノースケープ沖海戦。まさに北大西洋所狭しと暴れまわった〝海の古強者〟であった。

この〈シャルンホルスト〉と比較して、さらに強力な戦艦〈ティルピッツ〉の最期は、すでに戦争の形態が変わっていたとしても、みじめなものとしか言いようがない。実戦での主砲発射のチャンスはわずか一度、それも北極海の小島の通信所を砲撃したのみで終わった。大戦艦〈ティルピッツ〉のフィヨルド内での大型爆弾による転覆は、悲惨な終局ではあるが、〈シャルンホルスト〉の場合と異なって、そこには〝叙事詩〟が語られることはない。切り立った山々に囲まれた小さな入江の中に、巨大な赤腹をむき出しにして横たわる戦艦はなんとも不様であった。やはり〝大海獣《リバイアサン》〟の本当の墓場は、大海原の海底にしかないのである。

〈ウォースパイト〉は、連合軍が地中海で反撃を開始するとともに再び先頭に立った。イタリア本土に対する上陸作戦のさいには、海岸から一〇キロまで接近し、反撃するドイツ、イタリアの砲兵部隊を叩きに叩いた。このとき最新兵器たる誘導爆弾により、大損害を受けるが、結果的にはこれが老戦艦の引退につながってしまうのである。

その最後は、解体場に向かう途中に座礁という、締まらないものであったが、最新鋭の〈キング・ジョージ五世〉級五隻を上まわる活躍を見せたのであるから、〈ウォースパイト〉はもって瞑すべきであろう。

次に、一部重複するが、〝名戦艦〟の候補の戦歴を掲げておこう。

○英、〈デューク・オブ・ヨーク〉K・G・5級
　大西洋で船団護衛に従事。一九四三年十二月ノースケープ沖で独巡戦〈シャルンホルスト〉を撃沈。

○米、〈サウスダコタ〉サウスダコタ級
　南太平洋海戦で当時ただ一隻となった米空母〈エンタープライズ〉を近接掩護。第三次ソロモン海戦で日本戦艦〈霧島〉と交戦、僚艦〈ワシントン〉と協力し、撃沈する。その後大きな活躍なし。

○米、〈ワシントン〉ノースカロライナ級
　第三次ソロモン海戦で、レーダー射撃により自艦の損傷なしに〈霧島〉に大損傷を与える。以後活躍の場なし。

○独、〈ビスマルク〉ビスマルク級
　出現当時、世界最強の戦艦。初出撃で英艦隊と交戦、巡戦〈フッド〉を撃沈し、戦艦〈PoW〉を中破。三日後、英軍大部隊と交戦、撃沈さる。

○日、〈金剛〉金剛級
　日本戦艦一二隻中、最も古い艦にもかかわらず、緒戦より活躍。ガダルカナル飛行場砲撃で大戦果、レイテ海戦でもサマール沖で護衛空母一、駆逐艦一隻を撃沈。米潜水艦の魚雷

により台湾沖で沈没。

○日、〈霧島〉金剛級

緒戦のマレー沖船団エスコートから活躍。第三次ソロモン海戦で日本戦艦でただ一隻、敵戦艦に命中弾を与えるも、新式戦艦〈ワシントン〉の一六インチ砲により大損傷、放棄後、沈没。

このように見ていくと、活躍した戦艦が必ずしも新しいものではないことがわかる。とくにアメリカのアイオワ級、日本の大和級、イタリアのベネト級、フランスのリシュリュー級といった新鋭戦艦の名が、まったく浮かんでこないことが印象的でさえある。結局のところ、戦艦が活躍の場を与えられたのは、第二次大戦の中期までであった。このあとは、海戦の主役の座を航空母艦と潜水艦に譲り渡さざるを得なかったのであった。

戦艦〈ウォースパイト〉の履歴

一九一五年五月、クイーン・エリザベス級二番艦として完成。第五戦艦戦隊に編入。

一九一六年五月、ジュットランド沖海戦において英艦隊の主力部隊として活躍。

一九二四〜一九二六年、兵装関係を近代化。魚雷兵装を撤去、対空能力強化。

一九三四〜一九三七年、機関部をふくめて大改装。Q・E級の中では最も本格的に近代化される。

一九三九年六月、地中海艦隊旗艦となる。一九三九年九月第二次世界大戦はじまる。

一九四〇年四月、ノルウェー第二次ナルビク海戦でドイツ駆逐艦隊を撃滅。

一九四〇年七月、地中海のカラブリア沖海戦、伊戦艦に命中弾を与えて撃退。

一九四一年三月、マタパン沖海戦、伊重巡三隻を夜戦で撃沈。

一九四一年五月、クレタ島撤退作戦に参加。五〇〇キロ爆弾一発被弾、中破。

一九四三年六月、シチリア島上陸作戦参加。上陸支援砲撃。

一九四三年九月、サレルノ上陸作戦に参加。ドイツ陸軍の反撃を撃退。

一九四四年六月、大陸反攻作戦に参加、上陸軍支援。沿岸砲により小破。

一九四四年九月十六日、独軍機の攻撃により大破（独軍の誘導爆弾命中一、至近弾二）。本国で修理を受ける。

一九四七年三月、現役を退く。同月スラヤップヤードに曳航中、イギリス本土南西部で座礁、そのまま放置。一九五〇年より座礁状態のまま一部解体さる。

一九五六年七月、サルベージされ、スクラップに。殊勲の戦艦消滅。

第8章　現在の戦艦

第二次大戦後の戦艦の活動

眠りについた戦艦

六年にわたって続き、世界を揺るがせた大戦争は、一九四五年八月にようやく終わりを告げた。しかしこれで世界から戦争の影が消えたわけではなく、アジア、中東で再び戦火が立ち昇る。

それにもかかわらず、アメリカ、イギリス、フランス、ソ連は、大戦中に整備した戦艦群を次々と退役させていった。巨大な戦艦は、それを維持するために多額の費用を必要とし、その割には航空母艦ほど効率よく使うことが難しいのである。

結局、一九五〇年代になって残っていたのは、

アメリカ　アイオワ級四隻

イギリス　〈バンガード〉
フランス　リシュリュー級二隻
の七隻のみであった。
ソ連は旧イタリア戦艦〈ジュリオ・チェザーレ〉を戦利艦として受け取り〈ノボロシスク〉として使用した。しかしほとんど動くことのないまま、事故で失っている。そのため、この時代の戦艦の数としては、七隻とするのが正解であろう。
七隻のうち〈バンガード〉と〈リシュリュー〉は戦後一度も実戦に参加することなく、六〇年代に解体されてしまった。
では第二次大戦後の紛争に登場し、少なくとも一度は巨砲に火を噴かせた戦艦群を追ってみる。
○フランス　〈ジャンバール〉
彼女は一九五六年十月のスエズ運河をめぐる紛争に、英仏連合軍の一翼を担って出動し、エジプト軍陣地に対して艦砲射撃を行なった。

この戦争は新しい国家エジプトのスエズ運河国有化宣言に対し、イギリス、フランス、そしてイスラエルがそれを不満として出兵したもので、わが国では〝スエズ動乱〟と呼ばれた。ただしエジプト軍の戦意は低く、また米、ソの仲介により、わずか一週間で停戦に至る。

また〈ジャンバール〉は、インドシナ半島のベトナムをめぐる紛争（インドシナ戦争）に

バンガード、ノボロシスク

も参加し、二度にわたってフランス植民地であったサイゴン港、ハノイ港を訪れている。しかしこのさいには兵員、物資の輸送を引き受けただけで、砲撃は行なっていない。

同艦は一九五八年に退役し、三年後に解体された。その前年にはイギリスの〈バンガード〉が同じようにスクラップにされており、戦艦を保有するのはアメリカ海軍だけになってしまった。

英、仏海軍に戦艦という艦種が登場してから約一〇〇年、それらの大海獣は静かに消滅したのであった。

残る戦艦は〈アイオワ〉〈ミズーリ〉〈ウィスコンシン〉〈ニュージャージー〉のアイオワ級四隻のみである。

アメリカ　アイオワ級の活躍

1　朝鮮戦争

一九五〇年六月二十五日未明、一五〇台の戦車に支援された一〇万人の北朝鮮軍が、三八度線を突破して韓国に侵攻、朝鮮戦争がはじまった。この戦争には延べ一八ヵ国の軍隊が参加し、戦いは約一〇〇〇日にわたって続く。

同年秋には中国軍が〝北〟側に立って参戦し、戦闘は朝鮮半島全域に広がった。国連軍の中心戦力としてアメリカは、陸・海・空軍、そして海兵隊を投入し、南朝鮮の防衛に全力を注ぐ。

アイオワ級戦艦四隻も次々と五年間の短い眠りから目を覚まし、交代で朝鮮沖に出動するのであった。当時〈ニュージャージー〉などについてはモスボール（長期保存処理）が施され、現役復帰には半年間の整備が必要であった。しかし〈ミズーリ〉はそのまま戦闘に投入できる状態であり、九月中旬には最初の艦砲射撃を実施する。

九門の五〇口径一六インチ砲の最初の目標となったのが、東海岸の三陟であった。これは翌日行なわれる西海岸への上陸作戦『クロマイト』の陽動であり、三陟の北朝鮮軍陣地に約六〇発の一六インチ砲弾を浴びせた。

〈ミズーリ〉の〝コリアン・ツアー〟は半年続き、その後〈ニュージャージー〉が任務を引き継ぐ。このあと約半年のスケジュールどおりに〈ウィスコンシン〉と〈アイオワ〉が朝鮮沖に姿を見せるのであった。

四隻のアイオワ級戦艦のローテーションは、実戦参加、本国への往復、整備、士官候補生の遠洋航海に分かれ、整然と行なわれていたようである。

これらの戦艦の艦砲射撃に対して、北鮮軍の砲兵隊は激しく反撃した。〈ミズーリ〉と〈ニュージャージー〉の二艦はそれぞれ一回、一三〇ミリ砲弾が命中し、計三名の戦死者と一四名の負傷者を記録している。しかし北鮮軍砲兵の持つ最大級の大砲でも、その口径は一三〇ミリないし一五〇ミリで、これでは大戦艦に大きな損害を与えるのは難しかった。

また北朝鮮、中国海軍とも戦力となるような艦艇を保有しておらず、四隻の戦艦にとって、この面ではきわめて楽な戦いといって良かった。

朝鮮戦争は一九五三年七月に停戦に至るが、この三七ヵ月間、少なくとも一隻のアイオワ級戦艦が、極東水域で任務についていた。正確な数字はわかっていないが、この戦争において四隻が発射した一六インチ砲弾の合計数は、少なくとも一万発を上まわっている。

特に一九五〇年十一月～十二月の感興、元山港からの海兵隊の撤退作戦支援では、一日に三〇〇発を、迫りくる中国軍に撃ち込んでいる。この猛砲撃によって、元山港に接近してきた中国軍の歩兵部隊は大損害を被った。

戦争が終わると四隻はシアトル、ニューヨーク、フィラデルフィア近くの海軍施設に係留され、再びモスボールの中で眠りについたのであった。この眠りは一九五五年から約一〇年続く。

2 ベトナム戦争

一九六〇年代の初頭からベトナムをめぐる情勢が緊迫してきた。

一九六四年八月に、北ベトナム軍の魚雷艇がアメリカ海軍の駆逐艦を襲うという、いわゆる〝トンキン湾〟事件が勃発する。このあと約四年たった六八年の四月六日、〈ニュージャージー〉の現役復帰が決定する。

〈ニュージャージー〉はレーダーの増設、ヘリ甲板の新設、旧式の対空火器の撤去といった改装を終え、同年九月末ベトナム沖に出動した。このさい〈ニュージャージー〉には、補給艦〈マウント・カトマイ〉が付き添い、効率よく燃料、食料、砲弾を補給している。

この支援を受けて九月三十日から本格的に艦砲射撃を実施するが、目標は北緯一七度線の北、南の解放軍陣地、物資集積所であった。同艦は岸から一〇キロのところまで近づき、グラマンTF9Fクーガー観測機（ジェット練習機改造）の誘導により、砲撃を続けた。十月四日には北ベトナム軍のトラック・デポに砲弾の雨を降らせ、四〇台を超す車輌を破壊している。

〈ニュージャージー〉の〝ベトナム・ツアー〟は約六ヵ月に及び、一六インチ砲弾三〇〇〇発、五インチ砲弾六〇〇〇発を発射している。しかし朝鮮の場合と異なり、北ベトナム軍の反撃をほとんど受けずに済んでいる。またベトナムの天候が極度に悪く、航空機が飛行できない時でも、艦砲射撃は実施可能で、この面から味方地上軍の信頼は絶大であった。

それにもかかわらず、同艦のベトナム・ツアーは二度と行なわれなかった。この理由は戦艦の運用経費が、あまりに巨額であった事実による。ベトナム戦争はその後七年（アメリカ軍の撤退完了まで四年）続くが、トンキン湾に戦艦が姿を見せることはなかった。

〈ニュージャージー〉はシアトルのピューゼット・サウンドにもどり、この年の終わりには三度目の眠りにつくのである。

3 ベイルートでの艦砲射撃

また一〇年の歳月が流れた。新大統領R・レーガンは海軍の大拡張計画を発表し、〈ニュージャージー〉に四度目の現役参加を命ずる。再々復帰のための工事は一九八二年の八月から開始され、四ヵ月後に就役した。

一九八四年、ベイルートで紛争が勃発すると、海兵隊とともに〈ニュージャージー〉は、戦火に荒れ果てた町の沖合に錨を下ろす。そしてアラブ過激派武装勢力の陣地に向けて、海兵隊支援の砲撃を実施する。

けれども、このアメリカの出兵自体があまり意味を持たず、当面の敵の正体さえはっきりと把握できない状況であった。〈ニュージャージー〉は二五〇発を超す砲弾を撃ち込んだものの、効果は明白ではなかった。

戦後、アラブとイスラエルの接点であるレバノンの首都ベイルートにアメリカは四回にわたり軍隊を派遣するが、事態は一向に改善されず、かえってアメリカ軍の死傷者が増えるばかりである。せっかく投入された〈ニュージャージー〉も、朝鮮、ベトナムとは違ってなすすべもなく、本国に引き揚げざるを得なかった。

この紛争において同艦は、これといった戦果を挙げ得ず、また取り立てていうほどの損傷も受けていない。

4　湾岸戦争

一九八八年、ようやくイランとの長い戦争を有利に終わらせたイラクのサダム・フセイン大統領は、その二年後、隣の小国クウェートに兵を進め、たった三日間で全土を占領した。

クウェートはもともとイラクの領土である、という主唱が、フセインによって宣伝されたが、欧米を中心とする国々はこれに激しく反発する。国際連合もイラクに即時撤退を要求し、これが拒否されると軍事力の行使を決定した。

サウジアラビア、ペルシャ湾には、アメリカ、イギリス、フランスはじめ二〇ヵ国の軍隊五〇万人が集結しはじめ、同数のイラク軍と対峙《たいじ》するのであった。

多国籍軍は一九九一年一月十七日、『砂漠の嵐』と名付けたイラク攻撃作戦を発動、一日あたり一〇〇〇機（延べ機数）を動員して大空襲を実施する。これに対してイラクの反撃は微弱で、わずかにスカッド地対地ミサイルをイスラエル、サウジアラビアに撃ち込んだだけであった。

二月四日、ペルシャ湾の奥深く侵入した二隻のアイオワ級戦艦が、クウェート領内のイラク軍への攻撃に加わった。

まず〈ミズーリ〉がブビアン島の海軍施設を目標に艦砲射撃を実施し、約三〇分の間にこれを完全に破壊した。続いて〈ウィスコンシン〉が、クウェート郊外のイラク軍拠点、デポ（物資集積所）を砲撃している。

またこの二隻からは巡航ミサイル・トマホークが二十数発発射され、イラク内部の中枢の撃破を狙った。

多国籍軍は二月二十四日から地上戦に入り、四日間でクウェートからイラク軍を駆逐した。またイラク南部にいた同陸軍の主力も、かなりの損害を受けて北部へ逃げ去った。

クウェートの解放は南のサウジアラビアから行なわれたが、その意図を隠すため、クウェート市の前面に大部隊が上陸するとみせかけるための欺瞞《ぎまん》作戦が実行された。〈ミズーリ〉と〈ウィスコンシン〉はこれに呼応して海岸に接近し、二月十九、二十日の両日だけで、三〇〇発以上の一六インチ砲弾を撃ち込んでいる。誕生から半世紀近くたっている老戦艦の最後の晴れ舞台であったといってもよい。

湾岸戦争は二月二十七日、イラクが国連の決議を受け入れて停戦が成立した。

イラクは三万人の兵士と保有兵器の約半数を失ったが、多国籍軍の損害は戦死・行方不明一八二名、航空機四六機のみである。

この戦争の主役はイラクの地上部隊と多国籍軍の航空戦力で、艦艇は巡航ミサイルのプラットホームといった役割を果たした。加えて〈ミズーリ〉と〈ウィスコンシン〉の一六インチ砲は、特異な能力を見せつけた。

また報道陣に対するアメリカの力のアピールとして、戦艦の艦砲射撃シーンの公開は、もっとも有効であったとされている。しかし戦争が終わると、イラク軍の警戒のためペルシャ湾に残ったのは、戦艦ではなく航空母艦である。航空機という〝目〟を持たぬ巨艦は、もはや必要ではなくなっていた。

一九九三年にはアイオワ級四隻の予備役編入が決定し、一隻ずつ現役を去っていく。アメリカの経済が行きづまりつつある現況から考えると、二〇〇〇年までに四隻すべてが引退する。

戦艦という最強最大の軍艦の誕生から約一〇〇年後、大海獣の群れは恐竜と同様の運命をたどるのであった。

最後に第二次大戦中のアイオワ級と現代のそれと、どの部分が変わったか、という点を整理しておこう。

●変わっていない部分

船体、機関、上部構造物の大部分。三基の一六インチ砲塔、ファンネル

●改装された部分

五インチ両用砲の半数を撤去

レーダー、エレクトロニクス・システムの新、増設。四〇ミリ対空機関砲の全廃

トマホーク巡航ミサイル発射器八基の新設

ハープーン対艦ミサイル発射器四基の新設

近接対空火器二〇ミリＣＩＳ四基の新設

カタパルト二基の撤去

ヘリコプターパッドの新設

このように見ていくと、なんといっても、トマホーク、ハープーン・ミサイルの攻撃力が強調される。また対空システム、対ミサイル防御システムは驚くほど脆弱である。これは戦艦の出動に当たっては、必ず空母あるいはイージス巡洋艦の同伴が決められているからであ

ろう。

アイオワ級の改装前・後の状況を理解するには、プラスチックモデルを製作してみるのが、最良の道であることを申し添える。

実物の戦艦を見るには

これまで述べてきたように〝戦艦〟は人類がつくり出した最大の兵器であり、艦船ファンや研究者だけではなく、一般の人々にも強力な兵器だけがもつ迫力をアピールしている。

もちろん蒸気機関車のような、機械がもつメカニカルな美しさと、一脈通じるものもあるようだ。そのため、実物の戦艦を一度は自分の眼で見たいという読者も、少なからずいると思われる。

それらの方々に簡単なガイドを記して、戦艦論の締めくくりとしたい。

この後にいまだに現役時代の姿を雄々しく残している巨艦を紹介するが、彼女らが存在するのはすべてアメリカ国内ということになる。唯一の例外が、日露戦争の主役であった日本の〈三笠〉である。

現在世界に残っている戦艦は、アメリカ海軍のアイオワ級など九隻だけである。

アイオワ級の四隻は、すべて第二次大戦中に建造されているので、誕生後すでに七〇年を経ている。したがって、いったん予備艦となれば、現役に復帰する可能性はほとんどゼロと言ってよい。

これは多少とも艦艇に興味を持つ者にとっては、なんとも残念ではあるが、もはや動かし難い事実である。いずれこの四隻は解体され、大量のスクラップとして消えてしまうであろう。

最後の大海獣の行末は、深い海の底ではなく、製鉄所の炉となりそうな気配である。ただし一、二隻が〝浮かぶ博物館〟となる可能性はわずかながら残されている。

さて、アイオワ級がこのような運命をたどっても、世界にはまだ五隻の戦艦が残っており、これについては誰でも乗艦し、その隅々まで見学することができる。まず五隻のうち、もっとも古い日本の〈三笠〉を訪ねることにしよう。

一、前ド級戦艦〈三笠〉

完成・一九〇一年七月、敷島級四番艦。

全長×全幅×吃水・一三四×二三×八・三m

基準排水量・一万五一〇〇トン、満載一万七二〇〇トン

一二インチ連装砲塔二基　四門

神奈川県横須賀市白浜海岸に展示

今世紀の初頭イギリスで誕生した当時としては最大、最強の戦艦である。日本到着後に勃発した日露戦争（一九〇四年二月～〇五年八月）では、初めて編成された連合艦隊の旗艦として大いに活躍した。この戦争の大きな海戦のすべてに参加しているが、それらは、

一九〇四年六～七月　旅順要塞砲撃戦
一九〇四年八月　黄海海戦（八月十日の海戦）
一九〇五年五月　日本海海戦

であった。これらの戦いのさい、常に旗艦として先頭にあったため、ロシア艦隊の集中砲火を浴びることが多かった。特に日本海海戦では、約三〇発の一二インチ砲弾が命中し、後部マストを折られたほか、百数十人の死傷者を出している。

日露戦争が終わった直後の一九〇五年十二月、〈三笠〉は佐世保で火薬庫の爆発事故により沈没したが、翌年八月には引き上げられた。一九二三年から日露戦争の記念艦として、横須賀市に保存される。それから二十数年たち、第二次大戦後、一部の心ない人々によって荒廃したが、日本の復興とともに修復され、今日に至っている。

〈三笠〉は歴史上に登場したあらゆる戦艦のなかで、もっとも多く砲弾の雨の中に身を置きながら、生き残った幸運な艦であった。また二〇世紀初頭の造艦技術を、後世に伝える貴重な文化遺産でもある。

残る三隻はアメリカ海軍のいわゆる新戦艦であり、〈三笠〉の誕生から四〇年以上たってこの世に生まれ出た。また他の一隻〈テキサス〉は、これらの三隻と〈三笠〉の中間の時代に位置する。

それではこの〈テキサス〉から見ていくことにしよう。

二、〈テキサス〉BB35

完成・一九一四年三月、ニューヨーク級二番艦

全長×全幅×吃水・一七五×二九×八・七m

基準排水量・二万七〇〇〇トン、満載三万四二〇〇トン

一四インチ連装砲塔五基　一〇門

テキサス州ヒューストン近郊のサンジャシント戦場公園に展示

第一次大戦の直前に完成した超ド級戦艦であるが、この艦の場合、燃料は一部に石炭を使っていた。一九二五年から改装工事により近代化したが、その程度はあまり大規模ではなく、その分完成時の姿を残している。

第二次大戦中、すでに旧式化していた〈テキサス〉ではあるが、大西洋、太平洋と酷使され、数々の実戦に参加した。それらの主なものは、

一九四二年十一月　アルジェリア上陸のトーチ作戦

一九四三年二〜七月　大西洋における船団エスコート

一九四四年六月　　ノルマンディー上陸作戦
一九四五年三月　　沖縄上陸作戦

であった。ノルマンディーの支援砲撃では、ドイツ軍の沿岸砲から命中弾を受け十数人の死傷者を出している。

第二次大戦終結と共に解体されるはずであったが、〈テキサス〉の活躍をよく知っていた州民が保存運動に乗り出し、一九四八年にこの地で展示艦となった。

一時かなり破損がひどくなり、再び解体の危機にさらされたが、一九八八年から九〇年にかけて長期保存のための工事が行なわれ、少なくともあと半世紀はこの地に展示されることが決定した。

三、〈ノースカロライナ〉BB55

完成・一九四一年四月。ノースカロライナ級一番艦
全長×全幅×吃水・二二二×三三×一〇m
基準排水量・三万五一〇〇トン、満載四万二二〇〇トン
一六インチ三連装砲塔三基　九門
ノースカロライナ州ウィルミントンに展示

アメリカ海軍が〝海軍休日〟のあとで最初に建造したのが、このノースカロライナ級である。のちのサウスダコタ級よりも全長が一五メートル長く、その分美しい艦姿をもつ。

完成後、ニューヨークを母港として訓練が続けられたため〝ショー・ボート〟というニックネームが与えられた。大戦中はガダルカナル島をめぐる戦闘をはじめとして、たびたび実戦に投入されたが、そのほとんどは航空母艦の護衛と陸上砲撃であった。

一九六一年九月から一般に公開され、夏期には甲板上でいくつかのショーも開かれている。

四、〈マサチューセッツ〉BB59

完成・一九四二年四月。サウスダコタ級三番艦

全長×全幅×吃水・二〇七×三三×一〇・三m

基準排水量・三万六〇〇〇トン、満載四万一九〇〇トン

一六インチ三連装砲塔三基　九門

マサチューセッツ州フィアリバーに展示

〈マサチューセッツ〉は現在アメリカに残っている八隻の戦艦の中で、もっとも誇り得る戦歴を持っている。

ニックネームを〝ビッグ・マミー〟とする同艦は、一九四二年十一月八日カサブランカ港において、フランスの戦艦〈ジャンバール〉と砲撃戦を行ない、これを撃破している。〈マサチューセッツ〉の一六インチ砲弾と〈ジャンバール〉の一五インチ砲弾は、互いに敵艦を損傷させ、歴史上唯一の米、仏戦艦同士の闘いを記録した。

現在〈マサチューセッツ〉の艦内には、フランス海軍から寄贈された同艦の一六インチ砲

弾の破片が飾られているが、これは〈ジャンバール〉の艦橋付近に命中した一弾である。
このフランス戦艦との戦闘のあと、同艦は太平洋に回航され、一九四四年一月のクエジェリン島の戦いに参加した。さらに、サイパン、グアムをめぐる海戦、日本本土攻撃にも加わったが、これといった損傷は受けていない。
一九四七年三月に解役となったが、一九六五年八月からフィアリバーで一般に公開される。この場所は〝戦艦の入江〟と名付けられ、〈マサチューセッツ〉以外にも、次の軍艦が展示されている。
パラオ級潜水艦〈ライオンフィッシュ〉
ギアリング級駆逐艦〈J・P・ケネディ〉
魚雷艇（PTボート）、上陸用舟艇LCM56
また同じ区域内に魚雷艇に関する博物館が設けられているが、この種のミュージアムは世界中を探しても、ここにしかないと思われる。第二次大戦の艦艇を研究している者にとっては、メッカともいえる場所であろう。

五、〈アラバマ〉BB60
完成・一九四二年八月。サウスダコタ級四番艦
全長×全幅×吃水・二〇七×三三×一〇・三m
基準排水量・三万五〇〇〇トン、満載四万一七〇〇トン

一六インチ三連装砲塔三基　九門

アラバマ州モービル港アラバマ公園に展示

一九六五年一月から展示されている〈アラバマ〉は、同州の州民のバックアップにより素晴らしい状態で保存されており、エンジンを整備すれば、そのまま航行できそうに見える。

同艦が就役したのは、一九四三年八月であるが、その後これといった激戦に参加することなく、四年後には解役となってしまった。日本の領土に対する艦砲射撃以外に、特筆すべき戦歴はない。

現在、同艦が保存されている一帯は軍事関係の公園になっていて、隣にはガトー級潜水艦〈ドラム〉のほか、多数の航空機、陸上戦闘兵器が置かれている。

これらの各艦は一般に公開されているが、なかでも〈アラバマ〉では、案内人付きのツアーが午前九時から日没まで一時間ごとに出ている。かつて同艦に乗り組んでいたシーマンたちが、ボランティアで見学者を案内する。

希望すれば時間を延長し、上は司令塔から、下は艦底に近い缶室、非常操舵室まで、あるいは巨大な一六インチ砲塔の中まで見ることができる。

ディーゼル・エンジン付きの商船、タンカーなどと異なり、その複雑さは想像を絶したものであるから、艦船ファンには見学を強くおすすめしておきたい。

しかし蛇足ながら、注意しなくてはならぬ点は、一人で〝艦内探険〟に出かけないことである。ヘタな場所に入り込むと、方向がまった判らなくなり、強い不安を感じるとともに、外に出るまで二、三時間艦内をうろつき回らねばならない。
戦艦とはそれほど大きな兵器なのである。

六、〈ミズーリ〉BB63

完成・一九四四年六月。アイオワ級三番艦
全長×全幅×喫水・二七〇×三三×一一・七m
基準排水量・四万五〇〇〇トン、満載五万八〇〇〇トン
一六インチ三連装砲塔三基　九門
ハワイ州真珠湾で二〇一六年より記念艦として公開
一九四五年から実戦参加。硫黄島、沖縄、日本本土に向けて艦砲射撃。特攻機により損傷。終戦時、甲板上において日本の降伏調印が行なわれる。のち朝鮮、湾岸戦争に参加。
一九九二年退役。二〇一六年より真珠湾において記念艦となり一般に公開。
現在、この公開方法には二種類あり、予約なしの場合外部のみ、二日前から申し込めば、ガイド付きで艦内の見学も可能。いずれにしても第二次大戦時の状況から、大きく変貌した〝最後の戦艦〟の全貌を見ることができる。これはトマホーク、ハープーンミサイルの装備をはじめ、各所の近代化などである。
ハワイはアメリカ本土と比較して、かなり容易に訪ねることができるので、ぜひ機会を見て眠りについた大怪獣を見ておきたい。

〈注1〉

本書の中では、次の単位が使われている。
○速力の単位／ノット Knot
一ノットとは一時間に一八五二メートル進む速さ。したがって三〇ノットとは時速五五・五六キロである。

また一ノットの速さで一時間進んだ距離を一海里（一浬と書くこともある）という。なお軍艦については『速力』といった場合、一般的に『最高速力』を意味する。
○長さ、厚さの単位／インチ Inch
装甲の厚さ、大砲の口径などに使われる単位で、一インチは二・五四センチ（二五・四ミリ）である。

駆逐艦の五インチ砲は一二・七センチ砲、あるいは一二七ミリ砲となる。

また大砲の口径の場合、必ずしも正確なカケ算となっておらず、一六インチ砲（16 × 2.54 = 40.6 センチ）を四〇センチ砲と記すことも多い。


〈注2〉

各クラスの戦艦の代表的な艦をデータシートにして掲げてある。これは時々の海戦に登場した戦艦の詳細な要目、性能を読者の方々に理解していただくために記載した。

その中に「主砲の威力数」という項目があり、三ケタの数字が載っている。この威力数とは、主砲の口径（インチで示す）と砲身長（口径に対する砲身の長さの比、したがって単位はない）の積である。

火砲の能力を示す基本的な要素は、「大きな砲弾を撃ち出すための大口径と、初速を大きくし、砲弾を遠くまで飛ばし、かつ命中精度を上げるための長い砲身」である。

このため威力を示す目安として『口径×砲身長』を用いている。旧陸軍も簡易な威力表示方法として、これを使い『砲力』と呼んでいた。

物理的な運動エネルギーの数式（エネルギーを砲弾の重量〈質量〉×初速度の二乗で表わす）よりも、口径×砲身長の方が実態に近いことは専門家の指摘するところである。

参考までに次の例を掲げておく。

●三笠（日露戦争の主役）

口径一二インチ　砲身長四五　威力数五四〇

●アイアンデューク（第一次世界大戦）

口径一五インチ　砲身長四二　威力数六三〇

●アイオワ（第二次世界大戦）

口径一六インチ　砲身長五〇　威力数八〇〇

なおより正確をきすためには発射速度、砲弾の種類、装薬（発射薬）の量などを調べて比較しなければならないが、〝目安〟としてはこれで十分と思われる。

またこの主砲の威力数に関しては、文中でもたびたび登場させ、読者の興味を喚起したい。

〈注3〉

リバイアサン　Leviathan

巨大な海獣、海の怪物、巨船の意。

また全体主義国家（とその海軍）を表わす。

参考文献＊「第二次大戦のイタリア軍艦」海人社＊「第二次大戦のフランス軍艦」海人社＊「第二次大戦のアメリカ軍艦」海人社＊「第二次大戦のドイツ軍艦」海人社＊「第二次大戦のイギリス軍艦」海人社＊「近代戦艦史」海人社＊「よみがえる戦艦アイオワ級」海人社＊「イギリス戦艦史」海人社＊「アメリカ戦艦史」海人社＊「ドイツ戦艦史」海人社＊「日本戦艦史」海人社＊「ソビエト／ロシア戦艦史」海人社＊「万有ガイドシリーズ『戦艦』」小学館＊「日本軍艦史」今日の話題社＊「海戦　連合軍対ヒトラー」早川書房＊「戦艦　マレー沖海戦」早川書房＊「高速戦艦脱出せよ」早川書房＊「戦艦ビスマルクを撃沈せよ」早川書房＊「撃沈戦記」朝日ソノラマ＊「撃沈戦記Ⅱ」朝日ソノラマ＊「撃沈戦記Ⅲ」朝日ソノラマ＊「地中海の戦い」朝日ソノラマ＊「日本の名艦」光文社文庫＊「ドキュメント戦艦大和」文春文庫＊"The Complete Encyclopedia of Battleships" Cresent Books＊"Conway's All the World's Fighting Ships 1922～46" Conway Maritime Press＊"Jane's Fightingships of World War I" Jane's Publishing Inc＊"Jane's Fightingships of World War II" Jane's Publishing Inc＊"Battleships of World 1905～1970" Conway Maritime Press＊"Atlas of Maritime History" Fact on File Inc

あとがき

数千年に及ぶ船の歴史の中で、〝戦艦〟という艦種が存在したのは、わずか一〇〇年に過ぎなかった。その時期はちょうど人類の大転換期であった二〇世紀とほぼ一致する。

戦艦とはまさに現在生きている我々と同じ時代に誕生し、かつ消えていくはずの〝戦艦《いくさぶね》〟なのである。また重量、大きさの面から見れば、六万トン、二七〇メートルという寸法は、人類が生み出した最大の兵器であった。

あまりの大きさゆえに、大国の海軍さえ持てあまし気味で、第二次世界大戦の終結と共に世界の海から次々と姿を消していく。

それはまさにプロントザウルス、トリケラトプスといった恐竜の絶滅状況と非常によく似ているのである。

しかし絶滅した巨大な恐竜に興味を抱く人々が数多く存在するのと同じように、人間のつくり出した〝戦艦〟にも人を引きつける魅力がある。

筆者もその一人であり、これほど力強く、勇壮で、かつ美しい物体を他に知らない。大海原に立ち騒ぐ波浪を切り裂き、高速で疾走する数万トンの鋼鉄の建造物の迫力は、他の追従を決して許さないのであった。

筆者はこれまでこのようなリバイアサンを追いかけて、幸運にも、現役時代の〈ニュージャージー〉予備役の〈ミズーリ〉展示艦となった〈テキサス〉展示艦となった〈アラバマ〉と四隻を見ることができた。

このあとは数年をかけて、アイオワ級の残り二隻〈アイオワ〉〈ウィスコンシン〉、そして展示艦となっている〈マサチューセッツ〉〈ノースカロライナ〉をこの眼で見たいと強く願っていた。

日本には日露戦争で大活躍した〈三笠〉が残っているが、これを加えても世界中に戦艦は九隻しかない。そのうえアイオワ級四隻には、いつまで姿をとどめていられるか、という不安が付きまとう。

そうなると〝戦艦〟は、まさに恐竜とまったく同じに絶滅という道をたどるのである。

時代の移り変わりでこれも仕方のないことであろうが、かつては海上の王者であった〝戦艦〟の消滅は、寂しいかぎりと言うしかない。

なお本書、『戦艦対戦艦』が最初に世に出たのは一九九四年であり、それから長い年月が過ぎ去った。この間、筆者の記念艦となった戦艦の、〝追っかけツアー〟は一応終了し、すべての巨大ないくさ船を見ることができた。

そして近年になり、先に掲げたBB63ミズーリ以外のアイオワ級三隻が、新たな記念艦として公開されることとなった。

BB61アイオワ　カリフォルニア州ロスアンジェルス港
BB62ニュージャージー　ニュージャージー州カムデン港
BB64ウィスコンシン　バージニア州ノーフォーク港

ただこの三隻の現状は、必ずしも安寧というわけではなく、維持費の問題から解体される可能性もないとは言えない。

たしかにアイオワ級は、人類が生み出した最大、最強の建造物ではあるが、そのわりにアメリカという国家に貢献したか、と問われると、その答えは必ずしもイエスと言い難いのである。とすれば真珠湾に永久保存が決定しているミズーリがあるかぎり、他の三隻への関心はそれほど大きくはないというのが本音であろう。

このこともあって、各位にはぜひミズーリだけは見学し、リバイアサンの魅力を思う存分満喫すべきなのである。

三野正洋

文庫本　平成六年一月　朝日ソノラマ刊

NF文庫

戦艦対戦艦

二〇二〇年一月二十四日 第一刷発行

著 者 三野正洋

発行者 皆川豪志

発行所 株式会社 潮書房光人新社

〒100-8077 東京都千代田区大手町一-七-二

電話／〇三-六二八一-九八九一代

印刷・製本 凸版印刷株式会社

定価はカバーに表示してあります

乱丁・落丁のものはお取りかえ致します。本文は中性紙を使用

ISBN978-4-7698-3149-5 C0195

http://www.kojinsha.co.jp

NF文庫

刊行のことば

第二次世界大戦の戦火が熄《や》んで五〇年——その間、小社は夥しい数の戦争の記録を渉猟し、発掘し、常に公正なる立場を貫いて書誌とし、大方の絶讃を博して今日に及ぶが、その源は、散華された世代への熱き思い入れであり、同時に、その記録を誌して平和の礎とし、後世に伝えんとするにある。

小社の出版物は、戦記、伝記、文学、エッセイ、写真集、その他、すでに一、〇〇〇点を越え、加えて戦後五〇年になんなんとするを契機として、「光人社NF（ノンフィクション）文庫」を創刊して、読者諸賢の熱烈要望におこたえする次第である。人生のバイブルとして、心弱きときの活性の糧《かて》として、散華の世代からの感動の肉声に、あなたもぜひ、耳を傾けて下さい。